HISTOIRE NATURELLE

DES

PERROQUETS

Les figures de cet ouvrage ont été dessinées d'après nature , gravées et imprimées en couleur sous la direction de Bouquet , Professeur de dessin au Prytanée de Paris.

HISTOIRE NATURELLE
DES PERROQUETS ,
PAR
FRANÇOIS LEVAILLANT

TOME PREMIER.

Transcrit par David E. McAdams

Les images numériques restaurés par David E.
McAdams

A

B. G. E. L. LACEPÈDE

MEMBRE DU SÉNAT CONSERVATEUR ,

L'UN DES PROFESSEURS ADMINISTRATEURS DU MUSÉUM

D'HISTOIRE NATURELLE DE PARIS ,

Membre de l'Institut national; de la Société des Observateurs de l'Homme ;
des Sociétés philomatique , philotechnique , et d'histoire naturelle de Paris ;
de l'Académie des Curieux de la Nature de Ber-lin , et de plusieurs autres
Sociétés savantes , tant nationales qu'étrangères.

HOMMAGE

OFFERT

AU MÉRITE ÉMINENT ,

PAR

L'ESTIME ET LA RECONNOISSANCE.

PRÉFACE.

La naturaliste qui veut embrasser à la fois toutes les parties du vaste règne organique , et donner une histoire de toutes ses productions , ne peut , quelque zèle qu'il y apporte , entrer dans tous les détails nécessaires à la connoissance des animaux dont il traite. Il ne peut qu'en parler d'une manière superficielle , et quelquefois d'après les récits les plus disparates. Il n'y a que les savans modestes qui se bornent à l'histoire de quelques genres , qui puissent espérer d'en bien faire connaître les espèces. C'est ainsi que celui qui , du sommet d'une montagne très-escarpée , voudroit décrire les vastes régions dont il seroit environné , tomberoit nécessairement dans des méprisés très-multipliées , tandis que celui qui descend droit dans la vallée , pour en visiter une partie , découvriroit des objets nouveaux , qui auroient certainement échappé aux regards du premier , à cause de l'éloignement.

Cette considération doit suffire pour montrer combien les traités particuliers servent à l'avancement de la science. On peut dire que l'histoire naturelle ne fera de véritables progrès que lorsqu'on pourra former un traite général de tous les traités laits sur chacune de ses parties.

L'histoire des Perroquets que je publie prouvera évidement combien plusieurs espèces de ces oiseaux étoient encore ou ignorées ou peu connues. Je suivrai , dans leur classification , l'ordre naturel , en commençant par les Aras. Une introduction , qui sera envoyée aux souscripteurs avec la dernière livraison , métra le lecteur à portée de connoître les motifs qui m'ont dirigé dans le nouvel ordre que j'ai suivi.

HISTOIRE NATURELLE DES PERROQUETS

LES ARAS.

Si la grandeur de la taille , la magnificence de la parure , sont des avantages qui doivent décider de la prééminence parmi les oiseaux d'une même famille , on ne doit pas être surpris de nous voir mettre les Aras à la tête des Perroquets. Cette place leur a été assignée avant nous par Linnæus , et à bien juste titre. Une taille plus forte que celle de tous les individus du même genre ; un plumage où brillent à la fois l'or , le pourpre et l'azur ; un regard fier et qui semble annoncer que ces superbes oiseaux sont frappés eux-mêmes de leur beauté: voilà les principaux traits qui distinguent les Aras aux yeux des personnes les moins instruites. Le naturaliste qui les observe leur trouve en outre des caractères particuliers qui ne sont pas moins remarquables. Il les distingue par la nudité des joues , c'est-à-dire , par une membrane nue , ou du moins en grande partie dégarnie de plumes , qui couvre non-seulement toute la face , mais embrasse la mandibule inférieure du bec , et , dans quelques-uns , entoure même le front. Cette membrane , qui enchâsse l'œil , et qui par sa nudité donne à la physionomie des Aras un air dédaigneux et désagréable , s'est toujours montrée blanche dans les Aras du nouveau continent , du moins dans toutes les espèces que nous connoissons jusqu'ici. Tous ont aussi une queue très-longue et très-étagée , et joignent à ces caractères particuliers les caractères de tous les autres Perroquets en général ; un bec fort et crochu , dont ils se servent pour grimper ; la mandibule supérieure mobile ; la langue charnue , obtuse entière ; les narines rondes , situées à la base du bec ; deux doigts en avant et deux en arrière ; le tarse court , dont le derrière est très-aplati , et qui forme pour ces oiseaux comme une plante des pieds sur laquelle ils s'appuient en marchant.

Les Aras , au rapport des voyageurs , volent ordinairement par troupes ; ils se perchent sur les branches les plus élevées , se nourrissent de semences et de fruits , principalement des fruits du palmier latanier. On les apprivoise assez aisément. On leur apprend aussi à prononcer quelques paroles , mais ils ont la langue trop épaisse pour pouvoir se faire entendre distinctement. D'une voix forte et rauque ils répètent habituellement le mot *arra* , dont on s'est servi pour les nommer. Ils passent pour vivre long-temps , mais ils craignent beaucoup le froid.

Buffon assure qu'il n'y a pas d'Aras dans l'ancien continent. Jusqu'à quel point cette assertion est-elle fondée? Nous connoissons aujourd'hui deux espèces nouvelles qui habitent les Indes orientales , et qui se rapprochent tellement des Aras , que' nous nous sommes déterminés à les ranger parmi ces oiseaux. On peut aussi les considérer comme formant un genre intermédiaire entre les Aras et les Kakatoès , puisque , comme ces derniers , ils portent une huppe. Nous les décrirons donc à la suite des premiers , et avant les seconds , et nous suivrons ainsi la marche même de la nature.

L'ARA MACAO.

PLANCHE PREMIÈRE

De couleur rouge ; ailes d'un bleu turquin en dessus , et d'un rouge brun ou cuivré en dessous ; plumes scapulaires nuancées de bleu et tachées de vert ; joues nues , ridées , à lignes plumeuses.

L'Ara rouge – BUFFON. *Ara brasiliensis* - BRISS. *Psitaccus macao* ; LINN éd. XII. *Red and blue Maccaw* ; EDW.

L'Ara Macao. Pl. 1.

Parmi les naturalistes, les uns attachent une importance minutieuse aux plus légères particularités offertes par les individus qu'ils observent ; ce qui fait que le plus souvent ils multiplient les espèces sans nécessité: les autres affectent de voir les objets plus en grand ; ils attribuent au climat, à l'âge, au sexe, une extrême influence, et par suite ils sont sujets à prendre des espèces très-distinctes pour de simples variétés, et à ne regarder des caractères très-marqués que comme de simples accidens.

Gmelin est trop souvent tombé dans le premier défaut ; Buffon est trop souvent tombé dans le second. Aussi les ouvrages de l'un sont-ils souvent aussi propres à égarer les lecteurs que les ouvrages de l'autre. Nous tâcherons dans celui-ci de tenir un juste milieu, et nous chercherons plutôt à exposer des faits qu'à établir des idées systématiques.

L'Ara dont nous donnons la figure et la description sous d'Ara macao, est l'Ara rouge de Buffon. Ce naturaliste, souvent si ingénieux en rapprochemens, a compris sous la même dénomination d'Ara rouge un autre Ara que nous désignerons par celui d'Ara canga. Il étoit cependant nécessaire de distinguer l'un de l'autre, et nous l'avons fait avec d'autant plus de raison que tous les autres naturalistes les avoient distingués avant nous. Brisson a décrit l'un sous le nom d'Ara du Brésil, et l'autre sous le nom d'Ara de la Jamaïque. Linné a donné à l'un le nom de Psitaccus macao, à l'autre celui de Psitaccus Ara canga.

L'Ara macao est sans contredit le plus grand de tous les Aras. Il a trois pieds depuis le sommet de la tête jusqu'à l'extrémité de la queue, qui seule a deux pieds de longueur lorsqu'elle a acquis tout le développement dont elle est susceptible. A la vérité, divers obstacles s'opposent d'ordinaire à ce développement. Dans 'état de nature, ces oiseaux, qui aiment à se percher sur les branches des arbres, endommagent par le frottement les belles plumes de leur queue, et les empêchent tout à la fois d'atteindre à leur longueur et de conserver leur lustre. Dans 'état de domesticité, les causes d'altération deviennent encore plus sensibles. On sait qu'un oiseau en captivité perd toujours quelque chose de son éclat, et que son plumage n'y acquiert jamais son entier développement: voilà pourquoi il est si rare de voir dans nos collections la queue de l'Ara macao dans ses dimensions véritables. Non-seulement elle varie par la longueur, mais souvent elle varie aussi par la couleur. Il est des Aras macao dont la queue est entièrement bleue, d'autres qui l'ont rouge et terminée de bleu ; tellement qu'il est rare de trouver deux individus de cette espèce qui soient entièrement semblables.

Il faut convenir que la nature a prodigué aux grandes espèces d'Aras tout ce qui peut frapper et éblouir les yeux. Ces oiseaux sont sans contredit de tous les Perroquets les plus magnifiquement parés. Les plus brillantes couleurs ornent leur plumage. On y admire tout à la fois le bleu d'azur le plus éclatant, le rouge du vermillon, le jaune d'or, et le plus beau vert. Peut-on savoir mauvais gré aux Aras d'être un peu fiers de ces avantages, et de marquer par un air un peu dédaigneux qu'ils sont ravis eux-mêmes de leur parure? A leur place bien des hommes auroient encore plus d'orgueil, et beaucoup de graves personnages ont montré qu'à cet égard ils n'étoient pas plus raisonnables que les Aras.

Tout le plumage de l'Ara macao est d'un rouge foncé , approchant du cramoisi , tant sur la tête , le cou et le dessous du corps , que sur les jambes et les petites couvertures supérieures et inférieures des ailes. Les moyennes sont en partie tachées de vert à leur pointe , et d'autres sont entièrement de cette couleur. Les plus grandes et les scapulaires , ainsi que les dernières pennes de l'aile , sont d'un bleu nuancé de vert , tandis que les grandes pennes sont d'un beau bleu d'azur , nuancé de violet.

Si des ailes les regards se portent sur la queue , qui est très-étagée , on voit que ses couvertures supérieures sont d'un bleu d'outre-mer , et les inférieures , d'un bleu moins vif , nuancé de rouge et d'un vert obscur. La queue est composée de douze pennes: les trois premières de chaque côté sont bleues ; la suivante est bleue à sa naissance , et rouge vers la pointe ; les quatre du milieu sont ordinairement en entier d'un beau rouge cramoisi , mais dans l'individu que j'ai fait peindre elles sont en partie bleues , comme on le voit dans la gravure coloriée que je publie. Le dessous des pennes des ailes et de la queue est d'un rouge brun , que Buffon appelle rouge de cuivre , et Brisson , couleur de rose.

La mandibule supérieure du bec est blanche , suivant Linné , et noirâtre , suivant Buffon. L'expression du premier n'est pas tout-à-fait: exacte , non plus que celle du second. La mandibule supérieure du bec est en grande partie d'un blanc sale , mais brunâtre à la pointe et noire à sa base. L'inférieure est entièrement d'un noir de corne. Les joues sont couvertes d'une peau membraneuse , blanche et nue , sur laquelle on remarque quelques rangées de petites plumes rouges , distribuées en pinceaux. Cette membrane couvre non-seulement les ' joues , mais embrasse la mandibule inférieure , et forme de plus une petite bande étroite , qui sépare les plumes du front de la mandibule supérieure. Les yeux sont jaunes ; les ongles d'un noir de corne , ainsi que les écailles des doigts et du tarse par devant ; mais toutes ces écailles , très-petites , ne se joignant pas les unes aux autres , laissent apercevoir entr'elles la peau , qui est blanche , surtout lorsque l'oiseau est vivant.

Autrefois l'Ara macao étoit fort commun dans les Antilles ; mais comme objet de curiosité , ou même comme aliment , et dès-lors ces oiseaux ont dû se retirer dans les endroits les moins fréquentés et s'envoler vers la terre ferme.

Est-il vrai , comme le prétend Dutertre , que l'Ara macao , pressé par la faim , mange le fruit du mancenillier , qui , comme l'on sait , est un poison pour l'homme , et vraisemblablement pour la plupart des animaux? Ce fait , qui n'est rapporté que sur un ouï-dire , nous paroît devoir être relégué au rang de ces fables dont les anciens , amis du merveilleux , remplirent si long-temps les livres d'histoire naturelle , et dont une sage critique doit les purger aujourd'hui.

Par suite de cet amour du merveilleux , Aldrovande , sur la foi des premières relations de l'Amérique , a peint les Aras comme naturellement amis de l'homme , s'approchant sans crainte des cases des Indiens , et montrant pour eux beaucoup d'affection. Cette sécurité dans ces oiseaux n'étoit pas l'effet d'un instinct plus étendu, mais d'un instinct plus borné peut-être ; et aujourd'hui, si dans les forêts où ils se réfugient ils montrent une certaine assurance au bruit des armes à feu, ce n'est pas par fierté, comme le prétendent quelques voyageurs, mais plutôt. parce qu'ils sont réellement des oiseaux très-stupides.

Ceci nous expliqueroit le fait rapporté par Dutertre, qui nous peint le moyen dont les sauvages des Antilles se servoient pour prendre ces oiseaux vivans. Il leur suffisoit d'épier le moment où ils mangeoient à terre des fruits tombés. Ils tâchoient de les environner, et tout à coup, jetant des cris, frappant des mains et faisant un grand bruit, ils voyoient ces oiseaux, subitement épouvantés, oublier l'usage de leurs ailes, et se renverser sur le dos pour se défendre avec les ongles et le bec. Il leur étoit alors très-facile de les saisir.

Buffon observe que de tous les Perroquets l'Ara macao est le plus sujet aux convulsions épileptiques. Un de ces Aras, qu'il a nourri, tomboit d'épilepsie deux ou trois fois par mois.

Dans les colonies, dit-il, on appelle crampe cet accident, et l'on assure qu'il ne manque pas d'arriver à tous les Perroquets en domesticité lorsqu'ils se perchent sur un morceau de fer, comme sur un clou ou sur une tringle, en sorte qu'on a grand soin de ne leur permettre de se poser que sur du bois. Buffon remarque, en citant ce fait reconnu pour vrai, qu'il tient de près à électricité, puisque le fer y joue un rôle et que son action donne une forte convulsion aux nerfs de l'oiseau. Nous ne pouvons nous empêcher d'y reconnoître un véritable phénomène galvanique, et si, comme tout l'annonce, le galvanisme est une espèce "électricité, on saura quelque gré à Buffon d'avoir deviné cette théorie singulière bien avant la découverte de Galvani.

L'Ara macao que j'ai fait graver fait partie de mon cabinet. Il est arrivé de la Jamaïque.

L'ARA CANGA.

PLANCHE II

D'un rouge écarlate lavé ; plumes scapulaires jaunes , terminées de vert ; pennes des ailes bleues en dessus , rousses en dessous ; joues nues , ridées.

Le petit Ara rouge ; Buffon , pl. enl. n.° 641. *Psitaccus Ara canga* ; Linn. *Ara jamaicensis* ; Briss.

Il suffit d'examiner avec quelque attention l'Ara macao et l'Ara canga

L'Ara Canga. Pl. 2.

pour reconnoître entr'eux des différences sensibles. Ce dernier est généralement plus petit , ayant quatre pouces de moins dans sa longueur totale. Ses joues sont toujours absolument nues. Le rouge de son plumage est d'une couleur moins foncée , et qui se nuance de jaune dans les plumes du cou et du manteau. Le bleu de ses ailes est beaucoup plus pur. Les grandes couvertures sont d'un beau jaune de jonquille , terminées par des taches vertes.

Ces différences suffisent-elles pour constater la diversité d'espèce , ou ne doit-on les regarder que comme des accidens particuliers? L'Ara macao et

L'Ara Canga mâle. Pl. 2. (bis).

l'Ara canga forment-ils deux espèces distinctes , ou ne forment-ils que deux variétés d'une même espèce?

Il faut convenir qu'ils tiennent l'un à l'autre par des rapports bien essentiels. Leur queue est étagée de même ; leurs yeux sont de la même couleur ; ils ont les ailes coupées de la même manière , et composées du même nombre de pennes ; enfin , les pieds et le bec sont conformes absolument de même.

Dira-t-on , comme certains oiseleurs ont voulu me le persuader , que l'un de ces oiseaux est le mâle , et l'autre la femelle? Ajoutera-t-on que la femelle seule a les joues absolument nues , tandis que le mâle les a couvertes de lignes plumeuses? Ma réponse est décisive. J'ai disséqué sept Aras rouges , et j'ai trouvé des femelles à joues plumeuses dans l'espèce de l'Ara macao , comme des mâles à joues nues dans l'espèce de l'Ara canga. Il est donc bien constant que , si ces deux Aras ne forment pas deux espèces séparées , ils forment du moins deux races bien distinctes.

L'Ara canga se trouve dans tous les climats chauds de l'Amérique méridionale. Il est fort commun dans la Guiane. Il nous est fréquemment envoyé de Cayenne et de Surinam , où on en voit une quantité prodigieuse.

Trompé par le nom de *Macaw* , que l'on donne à ces oiseaux chez les Anglois et les Hollandois , Albin a cru qu'il étoit originaire du Japon , et l'a appelé *Perroquet de Macao* , erreur qui a été adoptée par Willughby et par d'autres auteurs. Ce nom de Macaw , ainsi que celui de Guaca , Kakatoès , sont des onomatopées ou mimologismes , qui peignent les cris de ces oiseaux babillards.

L'Ara canga que j'ai fait peindre est tiré de ma collection. La planche III représente la tête et le pied de cet oiseau de grandeur naturelle.

L'ARA RAUNA.

PLANCHETTE IV.

Bleu en dessus , jaune en dessous ; joues nues , à lignes plumeuses.

L'Ara bleu ; Buffon , pl. enl. n.° 36. *Psitaccus Ara rauna* ; Linn. *Ara brasiliensis cyaneo crocea* ; Briss. *Ara jamaicensis çyaneo crocea* ; id. *Blue and yellow Macaw* ; Edw.

L'Ara Rauna. Pl. 5.

CETTE espèce, originaire des mêmes lieux que les deux Aras dont nous avons déjà parlé, ne se mêle pas avec eux, et ne les rencontre jamais, dit-on, sans leur déclarer la guerre. On a remarqué dans leur voix quelque différence. Les sauvages, qui sont accoutumés à les entendre, les distinguent facilement à leur cri. On prétend que l'Ara rauna ne prononce pas aussi distinctement *arra* que les autres.

Albin a commis, au sujet de cet oiseau, une erreur non moins grave que celle que nous avons relevée en parlant de l'Ara canga. Il a pris l'Ara rauna pour la femelle de l'Ara macao. Buffon a relevé cette erreur, et a démontré qu'elle avoit été l'origine de la méprise de quelques nomenclateurs, qui, reconnoissant que l'Ara bleu et jaune d'Albin n'étoit pas la femelle de l'Ara rouge, avoient cru pourtant qu'il devoit différer de l'Ara bleu ordinaire, et avoient en conséquence introduit dans l'histoire naturelle deux espèces d'Aras bleus, l'Ara jaune et bleu du Brésil, et l'Ara jaune et bleu de la Jamaïque.

L'espèce de l'Ara rauna n'offre aucune variété distincte, et ses couleurs sont plus constamment semblables dans tous ses individus. Le mâle est seulement un peu plus grand que la femelle ; ses couleurs sont plus vives ; sa queue est ordinairement plus longue. L'un et l'autre ont plusieurs petites plumes d'un vert noirâtre sur la peau membraneuse des joues, où elles forment des lignes plus symétriquement arrangées que dans l'espèce de l'Ara macao. J'ai disséqué cinq Aras de l'espèce de l'Ara rauna, dont trois femelles et deux mâles. Ceux-ci ont trente à trente-deux pouces de longueur ; celles-là, vingt-huit à trente: mais cette longueur varie quelquefois.

L'Ara rauna a le front et le sommet de la tête d'un vert obscur. La gorge est entourée d'un large collier d'un noir verdâtre, qui sur les bords est d'un vert plus foncé. Le plumage supérieur, c'est-à-dire, le derrière de la tête et du cou, ainsi que le manteau, les scapulaires, le dos, le croupion, les couvertures supérieures et inférieures, et même tout le dessus de la queue, sont du bleu d'azur le plus éclatant. Le devant et tout le dessous du corps, le dessous des pennes de l'aile et de la queue, sont d'un jaune luisant, qui a le brillant de l'or. Les 'yeux sont d'un jaune pâle ; le bec et les ongles sont noirâtres, ainsi que les écailles du tarse, qui laissent apercevoir la peau qui est blanche et farineuse.

L'ARA MILITARE

PLANCHETTE V.

Vert ; bandeau rouge sur le front ; grandes pennes des ailes bleues ; queue rouge , à extrémité bleue ; joues nues , à lignes plumeuses.

L'Ara vert ; Buffon. *Psitaccus militaris* ; Linn. *Great green Maccaw* ; Edw.

L'Ara Militaire. Pl. 4.

Nous conservons à cet Ara le nom qu'il porte dans Linnæus, édition de Gmelin, et qu'on lui a donné au muséum d'histoire naturelle de Paris, où l'on en voit un très-bel individu. Beaucoup plus rare que les espèces précédentes, celle-ci a été pareillement confondue par plusieurs naturalistes avec un Ara plus petit, de couleur verte, que nous décrirons par la suite. On ignore de quelle partie de l'Amérique méridionale il est originaire. Les auteurs sont, à cet égard, partagés d'opinion. Pour moi, je n'ai vu. jusqu'ici que trois individus de cette espèce : le premier, dans la collection de M. Raye à Amsterdam ; le second, dans le muséum d'histoire naturelle de Paris ; le troisième, chez un oiseleur de cette ville.

Edwards a décrit l'Ara militaire sous le nom de grand Macaw Vert. La figure qu'il en donne, n.°313 de ses Glanures, est exacte.

Cette figure et la description d'Edwards auroient dû suffire pour convaincre Buffon que cet Ara différoit de celui dont il parle et que Sonnini de Mononcour avoit rapporté de Cayenne, où il l'avoit reçu lui-même des sauvages de l'Ouyapoc, qui l'avoient pris dans le nid. Mais le désir de généraliser Payant séduit, et voulant absolument: confondre les deux espèces, il a donné une figure de l'Ara vert, n.° 383 de ses planches enluminées, qui est un composé de l'Ara Militaire dont nous parlons et du petit Ara vert qu'il a décrit. Cette confusion est très-facile à reconnoître au bandeau rouge qu'on a placé sur le front de l'oiseau, caractère qui appartient à l'Ara militaire seulement, tandis que le petit Ara vert que décrit Buffon n'a qu'un bandeau brun fort étroit, comme il le dit au reste lui-même dans sa description, en le qualifiant de bandeau noir.

L'Ara militaire a trente pouces de longueur, à partir du sommet de la tête jusque l'extrémité de la queue, qui seule est longue de vingt pouces. Il a sur le front un large bandeau rouge. Le dessous de la gorge est d'un brun verdâtre, qui, sur la poitrine, sur le devant et le derrière du cou, ainsi que sur le sommet de la tête, s'éclaircit et se change en un vert plus pur. Les petites couvertures des ailes sont d'un beau vert de pré ; le manteau et les scapulaires, d'un vert bruni. La queue, très-étagée, porte douze pennes, dont les latérales sont bleues dans leurs barbes extérieures, et d'un rouge cramoisi intérieurement, mais de manière que cette dernière couleur domine plus, à a mesure que les pennes sont plus longues. Les pennes de l'aile sont d'un bleu d'azur dans toute la partie qui est visible quand l'aile est ployée. Cette même couleur orne le dos et les couvertures de la queue. Le revers des pennes des ailes et de la queue est d'un jaune d'or bruni dans toutes les parties dont le dessus est bleu, et d'un rouge brun dans celles dont le dessus est cramoisi. Le bec et les ongles, ainsi que les écailles des pieds, sont noirs. La peau embrasseuse des joues est blanche, ainsi que celle des pieds. L'iris est d'un brun rouge.

L'individu que j'ai fait peindre fait partie du cabinet de M. Raye a Amsterdam.

L'ARA TRICOLORE.

PLANCHE V.

Tête , poitrine et ventre rouges ; derrière du cou jaune ; ailes bleues ; queue d'un roux cramoisi , à pennes latérales bleues ; joues nues , à lignes plumeuses ; mandibule supérieure du bec moins arquée que dans les autres Aras.

Voici encore une espèce que Buffon n'a regardée que comme une simple variété de l'Ara rouge. En renvoyant , dans la description qu'il fait de ce dernier Ara , aux n.ºˢ 12 et 641 de ses planches enluminées , il fait observer

L'Ara Tricolor. Pl.5.

que cet oiseau a été représenté dans deux différentes planches , mais que ces deux figures lui paroissent représenter seulement deux races distinctes , ou même , d'après Gessner et Aldrovande , deux simples variétés. « Tous les nomenclateurs , ajoute-t-il , en ont fait deux espèces , tandis que Marcgrave et tous les voyageurs qui ont vu et comparé ces deux Aras , n.'en ont fait qu'un seul et même il oiseau qui se trouve dans tous les climats chauds de l'Amérique. »

Buffon nous semble se méprendre sur le témoignage de Marcgrave et des voyageurs. Ce n'est pas du petit Ara , représenté sous le n.° 641 des planches enluminées , qui est notre Ara tricolor , que Gessner et Aldrovande ont entendu parler , mais de l'Ara macao et de l'Ara canga.

Nous avons adopté le nom d'Ara tricolor , sous lequel le citoyen Lacépède a désigné cette espèce dans les galeries du Muséum d'histoire naturelle de Paris ; mais peut-être seroit-il plus exact de lui donner un nom qui le confondît moins avec l'Ara canga et l'Ara macao. Le nom d'Ara nuque-jaune l'isoleroit de toutes les autres espèces , et lui conviendrait d'autant mieux qu'il est le seul de tous les Aras connus qui ait le derrière du cou de cette couleur.

L'Ara tricolor ou nuque jaune est plus petit d'un tiers que l'Ara militaire ; il n'a qu'un pied huit pouces , mesuré du sommet de la tête à la pointe de la queue. Ses ailes ont seize pouces de longueur , et s'étendent dans leur état de repos à peu près vers le milieu de la queue , qui seule est longue de onze pouces. Le bec a dix-huit lignes de sa base à sa pointe , en prenant la corde de son arc. Un caractère particulier et non encore observé dans cette espèce , est la mandibule supérieure du bec moins arquée et d'inférieure plus renflée sur les côtés que dans les autres Aras.

La tête , le devant et les côtés du cou , ainsi que la poitrine , le ventre et les jambes , sont rouges ; mais cette couleur est plus vive sur le sommet de la tête et sur le cou que sur les autres parties , où elle se confond dans une nuance jaunâtre. Tout le derrière du cou est d'un jaune très pur ; le manteau est d'un rouge brun , frangé de jaune. Les scapulaires , ainsi que les petites couvertures des ailes , portent sur le même fond des bordures vertes. Les flancs sont jaunâtres , et les plumes des jambes sont frangées de vert. Les pennes des ailes , ainsi que toutes les grandes couvertures , sont en dessus d'un bleu d'azur violâtre , et en dessous d'un rouge de cuivre. De larges taches d'un brun rouge terni sont imprimées sur les deux dernières plumes de l'aile. Le croupion et les couvertures supérieures de la queue sont , comme les ailes , d'un bleu violet. Celles du dessous de la queue sont d'un bleu pâle , frangé de vert. et de rouge brun.

La queue est composée de douze pennes très-étagées. Toutes les latérales ont leurs bords extérieurs et leur pointe d'un beau bleu d'outre-mer , et sont intérieurement et à leur revers d'un rouge cramoisi. Les deux du milieu , qui sont les plus longues , sont entièrement de cette dernière couleur , jusqu'à trois pouces de leur pointe , où elles commencent à prendre du bleu. Les plus petites couvertures du dessous des ailes sont rouges , les moyennes jaunes , et les grandes d'un léger brun verdâtre. Enfin , le bec et les ongles sont d'un beau noir , ainsi que les écailles du tarse et des doigts. La peau membraneuse des joues est blanche , et garnie de trois rangs de petites plumes rouges. Quant à la couleur des yeux , je ne puis la déterminer , n'ayant vu que la dépouille de cet oiseau dans les galeries du Muséum d'histoire naturelle de Paris.

LE GRAND ARA MILITAIRE.

PLANCHE VI

Plus long de près de six pouces que l'Ara militaire ; bec robuste ; mandibules arrondies.

Nous ne cesserons de le répéter: l'objet principal que doivent se proposer les naturalistes est de multiplier les observations. Les théories sont plus

Le grand Ara militaire. Pl. 6.

faciles et plus brillantes ; mais les observations seules peuvent enrichir la science ; et souvent il suffit d'un fait pour ruiner entièrement un système. Que les savans soient donc réservés , et qu'ils ne rougissent pas de douter lorsque les observations ne seront pas encore assez multipliées pour affirmer quelque chose de positif , pour assigner une place particulière aux espèces dont ils écriront l'histoire.

Ces considérations préliminaires sont venues se placer naturellement à la tête de l'article que nous consacrons à l'histoire du *grand Ara militaire*. L'Ara que nous faisons connoître sous ce nom le mérite-t-il comme espèce particulière ou seulement comme individu? Faut-il le distinguer de L'*Ara militaire* que nous avons décrit au n.° 4? faut-il le confondre avec lui?

Si nous observons les différences qui existent entre ces deux Aras , nous serons frappés d'abord de voir celui-ci plus long de près de six pouces , mesuré du sommet de la tête à la pointe de la queue : nous remarquerons que ses proportions totales sont assez distinctes ; que son bec est évidemment plus robuste ; que ses deux mandibules sont arrondies , au lieu d'être aplaties.

D'un autre côté , si nous nous arrêtons aux rapports qu'ils ont entr'eux , nous ne pourrons disconvenir qu'ils se rapprochent par leurs couleurs , dont les nuances seules paroissent un peu différentes. Ils ont tous deux la peau nue de la face d'une couleur blanche , sur laquelle on remarque plusieurs lignes de petites plumes , distribuées en pinceaux ; mais dans le premier elles sont toutes d'une couleur noire , tandis que dans le second elles sont rouges dans la partie de la joue qui appartient à la mandibule supérieure , et noires sur celle qui appartient à la mandibule inférieure. Ils ont tous deux le front ceint d'un large bandeau rouge , les pennes des ailes bleues , doublées de jaune , et le plumage supérieur vert ; mais ces couleurs sont beaucoup plus foibles dans le grand Ara militaire.

Ce dernier Ara , suivant qu'il est tourné au jour , offre , sur la partie verte de son plumage , une légère teinte jaune , ou une teinte olivâtre. Toutes les plumes qui couvrent ses oreilles , celles qui bordent la partie nue de ses joues , celles même du dessous de la gorge , sont d'un brun qui approche du violet. Le devant du cou et la poitrine sont d'un gris brun ou d'un vert nuancé , suivant les incidences de la lumière. Les flancs , le ventre et les plumes des jambes présentent le vert le plus gai. Au bas des jambes , quelques plumes rouges forment une espèce de jarretière , qui les entoure , mais qui est plus large et plus apparente du côté intérieur. Douze pennes , dont toutes les pointes sont du même bleu d'azur pâle que les grandes plumes de l'aile , et qui sont d'un rouge pourpré dans tout le reste de leur longueur , «composent la queue de notre Ara. Ses pieds sont d'un brun terreux. La mandibule supérieure du bec est noire à sa base , et d'un brun de corne vers la pointe ; l'.inférieure est noire , ainsi que les ongles. J'ignore la couleur de ses yeux , n'ayant vu que la dépouille de cet oiseau qui fait partie de la collection du Muséum d'histoire naturelle de Paris , et ne sachant pas même de quel canton de l'Amérique il a été rapporté.

D'après la description que je viens de faire , le lecteur éprouvera l'embarras que j'éprouve moi-même. Il ne saura si le grand Ara Militaire forme réellement une espèce distincte ; mais peut-être sera-t-il porté à croire avec moi qu'il forme au moins avec l'Ara militaire une variété constante de race , dont l'existence méritoit d'être remarquée.

En consultant les descriptions que les différens nomenclateurs nous donnent de l'Ara militaire , il est difficile d'assigner auquel de mes deux Aras on doit les rapporter ; car elles sont tout à la fois si imparfaites et si obscures , qu'il est aisé de les rapporter non-seulement à celui des deux que l'on voudra , mais encore à beaucoup d'autres Perroquets. Nous laissons donc a ceux qui voudront en rendre la peine le soin d'en faire l'application.

L'ARA MACAVOUANNE.

PLANCHE VII.

D'un vert un peu rembruni en dessus ; tête verte , mêlée de bleu foncé ; gosier , gorge et partie supérieure de la poitrine roussâtres ; partie inférieure de la poitrine de couleur verte ; ventre rouge.

Psitaccus makawuanna ; Linn. *Perriche Ara* ; Buffon. *Perruche Ara de Cayenne* ; Barrére. *Parrot Maccaw* , Lathan.

L'Ara Macavouanne. Pl. 7.

L'Ara macavouanne est décrit par Buffon sous le nom de Perriche Ara ; mais il suffit de considérer cet oiseau pour le rapporter à son véritable genre. Il est plus gros que les Perriches ; il a la queue très-longue ; il prononce arra , quoique d'une voix un peu rauque , et de plus il a de commun avec les Aras la peau nue , depuis les angles du bec jusqu'aux yeux.

Tous ces rapports nous font un devoir de laisser à cet Ara le nom de macavouanne qu'il porte dans le Système de la nature de Linné , édition de Gmelin , et qui est celui que lui donnent les naturels de la Guiane.

Au reste , si Buffon s'est trompé en assignant à cette espèce un nom et une place peu convenables , nous devons avouer que la description qu'il en fait est assez exacte , et que la figure qu'il en donne , n.° 864 de ses planches enluminées , est une des moins mauvaises de ce recueil.

L'Ara macavouanne a seize pouces , depuis le front jusqu'à la pointe de la queue , qui a huit pouces de longueur. L'aile a neuf pouces , et s'étend , dans les temps de repos , jusqu"au milieu de la queue , qui est très-étagée. Elle est au-dessus d'un vert jaunâtre , nuancé de brun , et au-dessous , d'un jaune luisant , un peu terni par une nuance de brun olivâtre. Le dessus de la tête est d'un bleu qui se dégrade insensiblement en vert , à mesure qu'il descend sur le derrière du cou , qui est entièrement de cette couleur , de même que le dos , le croupion , les flancs , les petites et grandes couvertures des ailes , les plumes des ailes et les couvertures du dessus de la queue. Mais il faut observer que ce vert prend différentes teintes de jaune ou de brun olivâtre , suivant que le jour frappe plus ou moins obliquement sur l'oiseau.

Le lecteur trouvera peut-être un peu de monotonie dans la description détaillée que je crois devoir faire de chaque espèce ; mais s'il veut bien penser que les descriptions minutieusement exactes peuvent seules servir de base solide à la science , il trouvera que c'est avec raison que je les rédige ainsi.

L'Ara macavouanne a la gorge , le cou et la poitrine d'un bleu verdâtre , fortement imprégné d'une teinte roussâtre. Le bas ventre est d'un rouge brun , couleur qui se montre bien foiblement sur les plumes du bas des jambes , et qu'on a trop fait ressortir dans la figure de Buffon que j'ai citée.

Toutes les couvertures du dessous de l'aile sont d'un vert jaunâtre. Les plus petites offrent un mélange de bleu. Dans celles du dessous de la queue , cette dernière teinte est un peu plus marquée , mais on y distingue une forte nuance de jaune olivâtre. La côte des pennes des ailes et de la queue est noire en-dessus et blanche en-dessous. Le bec est d'un noir de corne , ainsi que les ongles et les écailles des tarses et des doigts. La peau nue des joues , qui embrasse les mandibules supérieure et inférieure , est d'un beau blanc.

J'observerai ici , pour plus d'exactitude , que la mandibule supérieure de cet Ara est aplatie dans son arrêt ; qu'on y remarque un léger sillon vers la base , et que la mandibule inférieure est absolument plate par devant , caractère qu'aucun ornithologiste n'avoit encore remarqué.

Gmelin , dans son édition du Système de la nature de Linnæus , donne pour caractère spécifique à l'Ara macavouanne un croupion d'un rouge brun. C'est peut-être une faute d'impression ; peut-être aussi ce naturaliste comprend-il l'abdomen et le croupion sous la même dénomination. Quoi qu'il en soit , on sent combien ces méprisés , quoique légères , sont funestes à la science , par l'incertitude où elles nous laissent sur la détermination exacte des espèces , et par le danger auquel elles exposent les nomenclateurs de les multiplier sans nécessité.

L'ARA MARACANA MÂLE.

PLANCHE VIII.

L'ARA MARACANA FEMELLE.

PLANCHE IX.

L'Ara mara cana, mâle. Pl. 8.

Front ceint d'un bandeau étroit de couleur marron pourpré ; iris couleur d'or ; joues nues ; quelques lignes plumeuses sur la membrane qui les recouvre.

> *Psîtaccus severus* ; LINN. *Ara vert* ; BUFFON. *Ara brasiliensis viridis* ; BRISS. *Ara brasiliensis erythrochloris* ; id. *Brasilian green Maccaw* ; EDW.

NOUS conservons à cette espèce le nom de maracana qu'elle porte au Brésil , où elle habite , ainsi que dans toute la Guiane , et que lui donnent les anciens ornithologistes.

L'Ara Mara cana. Pl. 9.

Brisson en a fait une description très-exacte , d'abord sous le nom d'Ara vert du Brésil , ensuite sous celui d'Ara vert et rouge du Brésil. Buffon l'a aussi décrite avec soin sous le nom d'Ara vert ; mais il la confond encore avec l'espèce d'Ara vert dont nous avons parlé sous le nom d'Ara militaire. Déjà nous avons relevé cette méprise , et nous renvoyons le lecteur à ce que nous avons dit à cet égard , pour ne pas le répéter ici.

L'Ara maracana est caractérisé par un bandeau étroit et de couleur marron pourpré , qui lui ceint le front. Il a aussi , de chaque côté de la mandibule inférieure , une bande de la même couleur , qui la borde en forme de mentonnière ; ce caractère , que Brisson a très-bien saisi , n'a été que foiblement indiqué par Buffon.

Ce dernier , au reste , s'est beaucoup étendu sur les habitudes domestiques d'un individu de cette espèce qu'il a eu vivant. Il nous parle de son antipathie pour les enfans ; de la manière dont il étend les ailes et du cri désagréable qu'il jette quand on lui gratte légèrement le dos ; de son penchant à la jalousie ; de son omnivoracité. Il peint fort bien , à son occasion , la manière dont tous les Perroquets en général se servent habituellement de leur bec et de leurs pattes pour grimper et descendre.

L'Ara maracana est un peu plus grand que le macavouanne. Le mâle a dix-huit à dix-neuf pouces de longueur totale , et sa queue a près d'un pied de long. Elle est composée , ainsi que celle de tous les Aras , de douze pennes très-étagées , et les ailes , ployées , s'étendent jusqu'au tiers de sa longueur. Le sommet de la tête est d'un beau bleu , qui , suivant les divers aspects , prend un ton verdâtre. Peu à peu ce dernier ton devient plus fort , de telle sorte que le cou de l'oiseau , les scapulaires , les couvertures supérieures des ailes , le dos , le croupion et les couvertures supérieures de la queue , sont d'un vert décidé ; mais ce vert prend une teinte jaunâtre , fort brillante , ou une teinte de vert bruni , suivant les incidences de la lumière. La poitrine est d'un vert nuancé de bleu , et tout le reste du dessous du corps est du même vert que le dos. La peau nue qui recouvre les joues est blanche , avec quelques petites rangées de petites plumes noires , peu apparentes. Sur le bas des jambes , quelques plumes forment une jarretière rouge.

Les treize premières pennes de l'aile sont d'un beau bleu d'outremer , et présentent à leur pointe et dans leurs barbes intérieures une petite bordure noire : les dernières sont en partie vertes , bleues et noires ; mais le vert seul y paroît quand l'aile est ployée. Les deux pennes intermédiaires et les pennes latérales de la queue sont bleues à leur pointe et d'un brun rouge dans le milieu , en suivant la côte dans toute sa longueur , pendant que leurs bords extérieurs sont verts. La doublure des pennes des ailes et de la queue est d'un rouge bruni , qui , suivant les différens aspects , prend une teinte d'un rouge plus ou moins pur. Un rouge de vermillon revêt toutes les petites couvertures du dessous de l'aile. Celles qui sont plus près du corps ont une couleur verte. Le bec est d'un noir de corne , ainsi que les ongles , les écailles des doigts et les tarses. L'œil est d'un jaune d'or.

La femelle est un peu plus petite que le mâle. La bordure rouge du front n'est pas en elle aussi apparente. Elle n'a pas de jarretière rouge , et ses couleurs sont généralement moins vives. Il paroît que c'est d'après un individu femelle que Brisson et Buffon ont décrit cette espèce. Le dernier s'est' trompé en donnant à son front une couleur noire. J'ai examiné treize individus mâles et neuf femelles , et aucun d'eux n'avoit un bandeau noir. Il est vrai que ce bandeau paroît quelquefois noir , suivant les incidences de la lumière , et c'est là , sans doute , ce qui aura produit l'erreur de Buffon. Ce naturaliste , d'ailleurs , n'a jamais attaché une grande importance à l'exactitude minutieuse des descriptions. Cette exactitude lui sembloit trop incompatible avec l'élégance du style.

L'Ara maracana est très-commun dans toute la Guiane. On en voit là des troupes innombrables qui se jettent sur les plantations à café , où ces oiseaux , friands de la pulpe de ce fruit , quand il est mûr , causent un grand dégât. Un de mes amis , M. de Baize , nouvellement arrivé de Surinam , m'a assuré qu'il en avoit vu par milliers , et tué quelquefois jusqu'à cinquante dans un jour. On en fait d'excellentes soupes , et les petits sont très-délicats , rôtis.

Ce que dit Buffon , relativement à la rareté de cette espèce à la Guiane , doit se rapporter à celle du grand Ara vert , ou Ara militaire , avec laquelle il l'a confondue mal à propos. Il est probable , au reste , que l'Ara maracana est aussi commun a Cayenne que Surinam , puis-qu'il n'y a que soixante lieues de distance d'une de ces colonies à l'autre , et qu'elles ont les mêmes productions.

Les deux individus , mâle et femelle , dont je donne la figure , planches n.° 8 et 9 , font partie de ma collection.

L'ARA MARACANA TAPIRÉ.

INDIVIDU INFIRME DE L'ESPÈCE PRÉCÉDENTE.
PLANCHE X.

J'ai possédé vivant chez moi , pendant l'espace de deux ans , l'individu qui fait le sujet de cet article , et qui appartient à l'espèce du Maracana. Lorsque j'en fis l'acquisition , il ne différoit en rien de tous les individus de cette espèce ; mais je remarquai qu'à chacune de ses mues il lui poussoit

L'Ara mara cana Tapiré. Pl. 10.

quelques plumes rouges dans différentes parties du corps, où l'on n'en voit point ordinairement dans les Maracanas communs. Cet oiseau étoit fortement attaqué de la poitrine, et respiroit très-difficilement. Il mourut enfin au bout de deux ans, ayant pris à chaque mue un plus grand nombre de plumes rouges, de manière qu'il est probable que, s'il eût vécu quelques années de plus, il en auroit toujours pris davantage.

Cette observation détruit un peu, je pense, la prévention des naturalistes qui pensent que les Perroquets ainsi tachetés le sont par un procédé particulier, imaginé par les sauvages, et qui consiste, assure-t-on, à arracher les plumes de l'oiseau, et à frotter celles qui commencent à pousser avec le sang dîme espèce de raine qui est commune a la Guiane (*la raine à tapirer*).

Si ce procédé peut avoir lieu, ce que je ne crois pas, il est certain, du moins, que plusieurs Perroquets se *tapirent* naturellement et sans le moindre procédé de l'art. Je sais bien que le sang d'un animal quelconque, ainsi que toute autre matière, peut teindre plus ou moins fortement une plume en rouge ou en une couleur différente ; mais je doute que par son action une plume qui. de sa nature devroit être verte, devienne ou jaune, ou rouge, ou blanche.

J'ai beaucoup examiné de ces Perroquets tapirés, ou variés de différentes couleurs, et j'ai remarqué en général que ces individus étoient malades: j'ai remarqué de plus, qu'ils ne prenoient jamais d'autres couleurs que celles dont ils avoient déjà quelque nuance dans leur plumage. J'ai Vu plus de vingt Perroquets cendrés de Guinée, tapiras plus ou moins en rouge, et qui tous l'étoient devenus naturellement ; il ne m'a jamais été possible d'en Voir de tapirés dîme autre couleur. Ce Perroquet, qui est gris, a, comme on sait, la queue rouge.

J'ai vu aussi beaucoup de Perroquets amazones, tapirés en rouge ; d'autres, en jaune, et quelques-uns, en rouge et en jaune. Ces Perroquets, dans leur état naturel, ont, le le front jaune, et du rouge aux ailes.

A ces observations, dont je garantis l'inexactitude, il faut ajouter que, sur près de cent Perroquets vivans que j'ai vus, et qui tous étoient plus ou moins tapirés, plus des trois quarts étoient. des oiseaux malades, et que ceux qui étoient le plus tapirés étoient ceux qui se portoient le plus mal.

Il est donc certain que ces variations peuvent être produites par la nature, et qu'il n'est pas nécessaire de recourir aux effets de l'art pour les expliquer.

Voici comment j'imagine que l'état de maladie produit ces variations.

Un oiseau quelconque (je dis quelconque, parce que tous les oiseaux en général sont, de même que les Perroquets, sujets à être variés de différentes couleurs), un oiseau donc à plumage varie, doit nécessairement être organisé de manière à ce qu'il y ait en lui une sécrétion des diverses substances destinées à former les différentes couleurs de son plumage: or, chacune de ces substances doit avoir un cours particulier, qui la lasse aboutir à l'endroit du corps où elle doit. produire les plumes qui lui sont propres. Mais lorsqu'il survient un dérangement physique, une maladie, toute cette organisation intérieure doit s'en ressentir. Alors telle matière qui devoit former des plumes rouges , par exemple , ne suit plus son cours ordinaire , et reflue dans une autre partie du corps. C'est ainsi que chez les hommes , lorsque la bile prend un cours différent de celui qui lui est propre , elle se môle avec le sang , et donne une couleur jaune à toute la peau.

Quant au procédé de tapirer les Perroquets par art , je pense que c'est une erreur ; du moins je ne crois pas , ainsi que l'ai déjà dit , qu'il soit possible de faire pousser une plume de telle couleur , quand elle aurait , naturellement , dû être une autre. Il est sans doute possible de la teindre pour plus ou moins de temps. Il est plus facile encore de Chancel la teinte dîme plume ; par exemple , de rendre jaune une plume rouge , blanche une plume jaune , ct brune une plume noire. Il suffit , pour cela , de l'exposer plus ou moins à une forte fumigation de soufre , ou à la vapeur d'un acide. On peut , de cette manière , varier à l'infini le plumage des oiseaux , et c'est là ce qu'on s'est permis trop souvent pour le malheur de la science.

On peut voir au Muséum d'histoire naturelle de Paris tous les anciens oiseaux de cette collection , décolorés par les fumigations sulfureuses auxquelles on les soumettoit autrefois pour les garantir des insectes , et dont heureusement on ne lait plus usage aujourd'hui. Ces fumigations produisent. un effet singulier sur les couleurs brillantes des colibris et des oiseaux-mouches : la filmée du soufre leur donne l'éclat métallique de l'or. Mais il ne Faut. pas trop répéter cette expérience , si l'on veut. conserver les plumes de ces oiseaux , que des fumigations réitérées finissent par charbonner et corroder.

Au reste , comme les essences produisant à peu près les mêmes effets , il est presque impossible de voir ces brillans oiseux dans leur parure naturelle. De là des variations , des contradictions éternelles , parmi ceux qui décrivent. le même oiseau ; de là aussi une perfide facilite de multiplier les descriptions fautives et de décrire des espèces qui n'existent pas.

D'après toutes nos recherches , nous ne voyons absolument que six espèces bien distinctes d'aras qui nous soient connues et qui appartiennent au nouveau continent. Il est cependant. probable que dans une aussi vaste étendue de pays , où les Européens n'ont pu pénétrer encore , il existe d'autres Perroquets de ce genre ; mais je me suis l'ait une loi de ne décrire que les espèces que j'ai vues , et dont par conséquent l'existence ne peut être douteuse , évitant de copier dans les autres naturalistes les Perroquets suspects , qui ne sont encore connus que par *ouï-dire*.

Delaët a fait mention , dans sa description des Indes orientales , d'un *Ara noir de la Guiane* , dont le plumage , a des reflets verts , et qui a le bec ronge et les pieds jaunies. Il habite , dit-il , les terres incultes , et se tient sur les montages stériles. Cette description convient à l'*Ani* ou *Bout de Petun* , qu'un ornithologiste aussi peu exercé que. Delaët a bien pu prendre pour un Ara. Il a , en effet , les joues nues , quatre doigts , dont deux devant et deux derrière , et de plus la mandibule supérieure surmontée d'une crête qui lui donne l'apparence d'un bec de Perroquet ; mais les Perroquets , qui se nourrissent de fruits , ne se retirent pas sur les rochers , sur les terres incultes. Quant aux pieds jaunes et au bec rouge que l'on prête à ce prétendu Ara noir , on peut avoir peint ces parties dans l'individu qu'aura vu Delaët , comme cela n'arrive que trop souvent dans tous les cabinets où les préparateurs ont la mauvaise habitude de colorer , sans aucune raison , toutes les parties dénuées de plumes.[1] Rien n'est donc moins certain que l'existence de cet Ara noir , à reflet. vert , dont tous les méthodistes ont fait mention d'après Delaët , et qu'aucun d'eux n'a vu en nature.

Il en est peut-être de même d'un *Ara* africain , dont parle Hasselquitz ; que Gmelin et Lathan ont décrit sous le nom d'*Ara obscur* (*Psitaccus obscurus*) , et que ni l'un ni l'autre n'ont vu. Je n'ai jamais rencontré d'Ara dans les diverses parties de l'Afrique que j'ai parcourues , et je n'en ai vu dans aucun cabinet qui fût originaire de ces contrées.

L'*Ara varié de Moluques* , rapporté par Brisson d'après Seba , n'est point un Ara. Il n'a aucun des caractères qui constituent ce genre.[2] Au reste , toutes les descriptions de ce compilateur sont tellement fautives , et les figures d'oiseaux qu'il .a publiées sont si mauvaises , qu'il est impossible de les consulter sans danger.

---

1 Je puis mente citer a cet égard les planches enluminées de Buffon , où , dans la figure du *Grand Bout de Petun* on a peint en rouge la partie nue de la joue de cet oiseau , tandis qu'il l'a noire dans son état naturel.

2 Voyez Seba , vol. 1." , page 63 , pg. 38 , fig. 4. Cette figure représente un Lori , et non un Ara.

LES ARAS DE L'ANCIEN CONTINENT.

La nature , qui a paré si magnifiquement , les Aras du nouveaux monde , semble avoir oublié de parer ceux de l'ancien continent ; mais en ne leur donnant qu'un vêtement. simple et uniforme , elle les a doués d'un organe particulier , qui les distingue d'une manière remarquable ; de sorte que , si l'éclat du plumage et l'élégance des formes sont l'apanage des premiers , les derniers s'en trouvent simplement dédommagés par une organisation plus compliquée , plus soignée , qui , ajoutant à leurs moyens physiques , doit nécessairement aussi ajouter à l'étendue de leur instinct.

Les deux seules espèces d'Aras des Indes que nous connaissions , n'ont , de rapport avec les Aras de l'Amérique que celui de la nudité des joues ; et c'est ce rapport qui nous a déterminés à les laisser parmi ces oiseaux , puisque c'est ce caractère qui distingue principalement ces Perroquets aux yeux des naturalistes. Nous avouons cependant que , les Aras du nouveau et de l'ancien monde différant. par tous leurs autres attributs , il conviendrait peut-être de l'aire des derniers un genre nouveau , dont il est probable que nous connoîtrons par la suite d'autres espèces analogues.

Des deux Aras sont remarquables par une espèce de trompe , avec laquelle ils saisissent leur nourriture , à l'instar de l'éléphant. Cette trompe , qui remplace la langue , est. organisée de manière que l'oiseau a la l'acuité de la pousser assez loin hors du bec pour saisir avec son extrémité antérieure tout ce qui sert à sa nourriture. Les mandibules dont il est pourvu servent à préserver la trompe , qui y reste enfermée dans les momens de repos. Elles servent aussi à briser par petites parcelles les objets que la trompe doit saisir.

La mandibule supérieure est d'une foret: et d'une grandeur remarquables: elle est solide ; et l'on va remarque deux fortes dentelures qui festonnent largement les bords. L'inférieure est très-courte , mais d'une largeur considérable ; et par sa forme elle a quelque analogie avec la lèvre inférieure de l'éléphant. Le bout de cette mandibule est arrondi , et ses bords sont profondément échancrés ; de telle sorte que , ne pouvant s'appliquer par ses tranchans à ceux de la mandibule: supérieure , le bec ne peut se l'en-mer hermétiquement , comme celui des autres Perroquets. Voyez notre planche XI , où nous avons donné la figure d'un de ces Aras ayant son bec fermé.

La trompe , qui est. charnue , est arrondie et d'une couleur rouge jusque son extrémité , ou elle se termine par un bout. noir , qui a la forme d'un gland creusé à sa pointe. Ce bout na paru d'une nature solide , parce que , conservant toujours la même étendue , j'ai très-bien observé qu'il n'étroit par lui-même susceptible d'aucun mouvement spontané , tandis que l'oiseau avoit la faculté d'allonger ou de raccourcir à son gré , par une sort.e de contraction , toute la partie postérieure de la trompe , sans être obligé de la ployer ou de la rouler sur elle-même.

La singularité de cet organe m'a porté à en observer attentivement les fonctions. J'ai remarqué que les Aras à trompe prennent. Leur nourriture d'une manière qui leur est particulière, et par un mécanisme tout-à-fait singulier. Dans l'éléphant la trompe, se trouvant au-dessus de la bouche, et pouvant d'ailleurs se rouler et se ployer en tout sens, peut facilement aboutir là où il plaît à l'animal : dans notre Ara, au contraire, la trompe étant placée dans le bec, et remplaçant, la langue, dont elle ne peut pas même faire l'office ; n'ayant de plus ni la faculté de se ployer ni celle de se rouler ; on conçoit qu'il est impossible qu'elle porte clans l'œsophage, au-devant duquel elle est posée, ce qu'elle tient à son extrémité extérieure. La nature a prévu cette difficulté, et l'a surmontée en plaçant sur le palais de l'oiseau une petite saillie, qui sert à détacher du bout de la trompe ce qui s'y trouve engagé.

Lorsque l'oiseau veut donc prendre sa nourriture, il commence, ainsi que je l'ai dit, par la réduire en petits morceaux, en la découpant. ou en la brisant, suivant sa nature, par le moyen de ses mandibules. Allongeant. ensuite la trompe, il la promène et en appuya le bout à plusieurs reprises sur les aliments qu'il a préparés. Dès qu'une parcelle s'est engagée dans le petit vide que l'on remarque à l'extrémité de cet organe, il retire aussitôt sa trompe dans le bec, en la raccourcissant le plus possible : puis, la repoussant au dehors, il a soin de la l'aire glisser contre le palais, dont la saillie détache sans peine la parcelle de nourriture, et la l'ait. tomber directement dans le gosier. Le gosier a son entrée absolument au-dessous de la saillie du palais ; et cette entrée, se trouvant taillée à la base de la trompe même, s'agrandit nécessairement à mesure que celle-ci s'allonge.

J'ai dit plus haut que le bout. de la trompe est formé d'une substance solide, et qu'il n'est susceptible d'aucun mouvement qui lui soit propre. le qui m'en a persuadé, c'est que j'ai vu plusieurs fois la portion de nourriture qui s'y étoit engagée s'en détacher avant que la trompe ne fût rentrée dans le bec. Il m'a parti que, si l'oiseau avoit eu la faculté d'ouvrir et de comprimer cette partie de sa trompe, il auroit saisi les corps plus adroitement, sans être obligé d'appuyer à plusieurs reprises sur les morceaux, pour en enlever machinalement quelqu'un au moyen du vide pratiqué à son extrémité.

J'ai observé aussi quelquefois que le morceau qui s'étoit engagé au bout de la trompe, se détachant tout seul, avant qu'il ne le fût par le contact de la petite saillie du palais, tomboit dans le bec ; ce qui obligeoit l'oiseau de baisser soudain la tête et de la secouer, pour le faire retomber par terre et le reprendre ensuite à la manière accoutumée. Cette observation m'a prouvé que la trompe ne peut tenir lieu de langue à cet oiseau, ni en faire l'office.

Elle ne peut non plus lui servir à modifier sa voix. Tous les sons qu'il émet partent directement. du gosier, ce qui les rend monotones et désagréables. L'oiseau ne pousse de temps à autre qu'un croassement rauque, que nous pouvons imiter facilement en ouvrant fortement la bouche, et prononçant de la gorge le mot *ghrrâa*.

J'ai tenté vainement pendant. deux mois de faire articuler à un de ces Aras à trompe quelques mots faciles, comme *Ara*, *oui*, *Jaco*, etc. ; il n'a jamais paru porter la moindre attention s. mes leçons. Différant en cela des autres Perroquets, qui tous marquent plus ou moitis de satisfaction quand on leur parle , ou même quand on les regarde ; celui-ci est grave , dédaigneux , et semble se soucier peu d'être caressé. Tous ceux de ces Aras que j'ai vus n'ont donné à leur maître aucune marque détachement ni de prédilection.

Une très-gosse tête , surmontée d'une belle huppe mobile , et armée d'un bec formidable , qui est toujours ouvert ; un corps massif et des mouvements lourds ; une trompe qu'on voit toujours en mouvement , soit qu'elle porte ou non la nourriture ; tous ces caractères réunis donnent à ces oiseaux une physionomie étrangère , qui contraste non-seulement: avec celle de tous les autres Aras , mais encore avec celle de tous les Perroquets connus.

Un autre caractère qui leur est propre , c'est d'avoir une partie de la jambe dénuée de plumes , comme les oiseaux de rivage. Du reste , ils ont les doigts posés deux par devant et deux par derrière , comme tous les scansorcs ou grimpeurs. Leur tarse est très-court et plat à la partie postérieure. Ils s'appuient aussi sur cette partie en marchant. Comme tous les oiseaux du même ordre , ils {aident de leur bec pour grimper ; mais je ne les ai jamais vus se servir de leurs pieds pour saisir les objets et les porter à leur bec.

J'ai eu le plaisir de voir deux de ces oiseaux au Cap de Bonne-Espérance , où ils furent apportés vivans par un conseiller de Batavia. L'un étoit gris , et l'autre noir. J'en ai vu un autre , gris , également vivant , chez mon ami , M. Temminck ; et enfin un quatrième , noir , chez M. Bœrs , bailli d'Huserswonde , chez qui je suis resté fort longtemps , dans la vue d'observer avec plus de soin une espèce si remarquable. J'aurois vivement désiré que M. Bœrs fît le sacrifice de son Ara aux progrès de la science , et qu'il me permit d'en examiner les parties intérieures , qui devoient nécessairement offrir une organisation particulière ; mais il me lut impossible de l'obtenir. Plusieurs fois j'ai essayé de saisir la trompe de cet oiseau , pour observer de plus près sa structure , en lui tenant le bec ouvert ; mais il avoit une si grande force dans cette partie , qu'il n'eût pas été sage à moi de pousser trop loin mon indiscrétion , et de vouloir m'instruire plus amplement à son égard.

Trois autres de ces Aras , que j'ai vus empaillés dans différens cabinets , ne m'ont offert aucune ressource d'instruction. Toutes les parties chamues , la trompe elle-même , ne s'y trouvoient plus.

Il ne nous reste donc qu'à décrire le plumage de nos deux Aras à trompe , que nous distinguerons par leurs couleurs.

Nous avons cru utile de donner une tête de ces oiseaux de grandeur naturelle , ainsi qu'un de leurs pieds. Le lecteur peut consulter à cet égard notre planche XIII , qui lui donnera l'idée la plus nette de la conformation particulière de la trompe , par laquelle ces espèces se distinguent.

L'ARA GRIS , A TROMPE.

PLANCHE XI.

Plumage gris cendré ; une trompe au lieu de langue ; mandibule supérieure arquée , et de moitié plus longue que l'inférieure ; peau nue sur les joues , de couleur

L'Ara gris à Trompe. Pl. 11.

rouge ; une huppe de longues plumes effilées.

Cet oiseau a le corps aussi gros que celui des plus grands Aras de l'Amérique ; mais sa tête est proportionnellement plus grosse , et son bec beaucoup plus robuste. La mandibule supérieure a près de cinq pouces de long , en suivant. sa courbure , et quatre , en prenant le coude de son arc. Son épaisseur à sa base est. de près de deux pouces , et. elle se termine , en diminuant. insensiblement , par une pointe très» acérée. l'inférieure , qui est. beaucoup plus petite , n'atteint celle-ci qu'à peu près vers son milieu ; de sorte que la première la cache en se courbant et en se prolongeant sur elle. La joue est couverte d'une peau nue , qui , s'étendant un peu au-dessus des yeux , l'avance sur les côtés jusqu'auprès des oreilles , et embrasse la mandibule inférieure dans toute sa largeur. Cette peau , dont la couleur est. d'un rouge de chair vive , forme plusieurs plis vers la bouche , où elle est susceptible d'une grande extension , pour se prêter à son ouverture.

La tête est surmontée d'une belle huppe de longues plumes effilées , étroites , de deux lignes , et qui toutes se terminent en pointe. Elles sont imbriquées les unes sur les autres , de manière que les plus courtes sont sur le devant , et les plus longues par derrière. Celles-ci ont quatre pouces de longueur , et l'oiseau a la faculté de les dresser toutes , plus ou moitis ; mais naturellement il les tient toujours levées , ce qui lui donne de la grâce. Son front est ceint d'un large bandeau , composé de petites plumes d'un gris foncé noirâtre , après lesquelles commencent seulement celles de la huppe.

Le reste du plumage est généralement d'un gris cendre , approchant beaucoup de celui du Perroquet gris de Guinée ; mais cette couleur est plus foncée sur le dos , et plus foible sur le devant du corps , sur le ventre et sous les ailes. Les grandes pennes des ailes sont sur leurs barbes extérieures du même gris que le dos , et noirâtrcs intérieurement. La queue , qui ne forme pas le tiers de la longueur totale de l'oiseau , est composée de douze pennes. Elle est large , et arrondie à son extrémité par l'effet des plumes latérales , qui sont un peu plus courtes que les intermédiaires , caractère très-différent de celui de la queue des Aras du nouveau monde.

Le bec est noir , et les ongles sont de la même couleur. Les pieds sont d'un gris d'ardoise , et les yeux d'un brun rougeâtre. Les ailes , ployées , s'étendent. à peu près au milieu de la longueur de la queue.

J'ai remarqué que cet oiseau a la propriété singulière de ramener toutes les plumes des côtés de son cou jusqu'à ses yeux , et d'en couvrir toute la partie nue de ses joues ; ce qu'il ne manque jamais de faire quand il a froid.

L'ARA NOIR , A TROMPE.

PLANCHES XII ET XIII.

Couleur d'un noir bleuâtre ; ongles et bec noirs ; une partie des jambes nue ; mêmes proportions que l'Ara gris , à trompe.

Kakaloès noir ; BUFFON. *Grand Kakatoès noir ;* EDW. p. 316 , Glan. 3.ᵉ part.

L'Ara noir à Trompe. N.º 12.

Cᴇᴛ Ara ne diffère de celui dont nous venons de parler que par sa couleur , qui est en général d'un noir bleuâtre , approchant de celle de l'ardoise , et dont la teinte devient plus ou moins claire , plus ou moins foncée , suivant les incidences de la lumière. C'est sur les parties supérieures des ailes et de la queue que la couleur est plus noire. Le bec , les pieds et les ongles sont aussi d'un noir fiancé ; l'iris est d'un brun rouge-fine , et la peau nue des joues d'un rouge de chair vive.

Tous les autres attributs de cet Ara sont les mêmes que ceux de l'Ara gris , à trompe. Les figures exactes que nous donnons de ces deux oiseaux

Tête de gᵈᵉ. nᵗᵗᵉ de l'Ara noir à Trompe. Pl. 13.

Barraband pinx!   De l'Imprimerie de Langlois.

mettront le lecteur à même de juger de leur différence et de leur conformité. Ce sera à lui à déterminer , d'après ces figures , si nos deux Avis doivent être compris dans la même espèce , ou s'ils forment réellement deux espèces distinctes et séparées.

Il seroit possible de les regarder connue de simples variétés d'âge ou de sexe , et je serois presque tenté de croire que celui dont le plumage est noir , est le mâle , et celui dont le plumage est gris , la femelle. J'ai remarqué dans tous les traits de l'un cet air plus fier , plus menaçant , plus mâle enfin , tandis que l'autre m'a paru doué d'un caractère plus doux , et offrir des traits plus efféminés.

D'un autre côté , je suis forcé de convenir que mon avis à cet égard ne peut être encore envisagé que comme une conjecture. Pour asseoir un jugement certain , il faudroit se convaincre du sexe. des individus par la dissection , et je n'ai pu m'en assurer par ce moyen. La personne qui avoit apporté au Cap les deux individus que j'ai vus vivans , m'a certifié que ces deux oiseaux sont considérés à Batavia connue deux espèces séparées , dont l'un se nomme *swarte Kakatoe* (Kakatou noir) ,et. l'autre , *grawe Kakatoe* (Kakatou gris). Il s'agiroit (le savoir jusqu'à quel point cette assertion peut être fondée , et si elle l'est sur quelques observations exactes. Un voyageur instruit lavera tôt ou tard nos doutes sur cet objet.

On voit à Amsterdam , dans la collection de M. J. Temminck , un très-bel individu de l'espèce de l'Ara noir , à trompe. Il y a un autre , semblable , dans le Muséum d'histoire naturelle de Paris. Quant au gris , nous ne l'avons vu encore dans aucun cabinet , et aucun auteur n'en a fait mention jusqu'à présent.

L'Ara noir à trompe a été décrit , à ce que nous croyons , par Edwards , dans ses Glanures , sous le nom de *grand Kakatou noir*. A la vérité ce naturaliste ne fait aucune mention des principaux caractères de cet oiseau , et la figure qu'il en donne , planche 316 , est défectueuse , quant à la forme de la huppe , dont. les plumes sont mal à propos recourbées en l'air ; mais Edwards n'avoit pas vu l'oiseau en nature , et sa description n'a été faite que d'après un mauvais dessin qui lui lin envoyé de Ceylan , pays où les artistes ne regardent pas de fort près aux caractères génériques.

Buffon en a aussi l'ait mention d'après Edwards , et l'a , comme lui , nommé *Kakatoès noir* , sans lui assigner d'autre caractère que celui d'avoir les joues nues. Il nous semble que ce caractère-là même auroit du déterminer Buffon à range cet. oiseau parmi les Aras. En effet , il ne tient au Kakatoès que par la huppe , caractère fort. équivoque , puisqu'il n'y a pas de genres connus qui n'offrent des espèces huppées et d'autres qui ne le sont pas ; dans plusieurs espèces même des individus naissent huppés , et d'autres sans huppe.

Nous avons   exposé notre opinion relativement à la place qu'on doit assigner aux oiseaux que nous décrivons en ce moment. Ce ne sont précisément ni des Aras ni des Kakatoès: ils forment un genre intermédiaire , et parfaitement distinct des deux autres , quant aux formes. Ils doivent. aussi avoir des mœurs et des habitudes entièrement. différentes.

Nous avons donné , planche XIII , la tête de grandeur naturelle d'un de ces Perroquets. On peut y remarquer la forme et la position de la trompe dans les momens de repos , et saisir tous les caractères et la forme du bec. On verra , dans la même planche , un des pieds de cet oiseau , où se distingue un caractère essentiel , la nudité d'une partie des jambes. Nous ne serions pas étonnés que quelque méthodiste ne se déterminât , d'après ce dernier caractère , à placer ces Perroquets parmi les échassiers.

LES PERRUCHES ARAS.

Nous avons montré précédemment que Buffon avoir eu tort de donner au petit Ara macavouanne le nom de Perruche Ara. Sans rappeler ici les motifs qui nous ont engagés, à l'exemple de Linnæus, à ranger parmi les Aras une espèce qui n'auroit pas dû en être séparée, nous observerons seulement que nous avons cru devoir appliquer la dénomination de Perruches Ares à des espèces qui semblent faire la nuance entre les Aras et les Perruches.

Les Perruches Aras ont plusieurs caractères qui les rapprochent singulièrement des Aras proprement dits. Elles ont, comme eux, le front élevé ; la tête aplatie par dessus ; la queue longue, pointue, étagée graduellement, et plus longue que le corps. Ces caractères appartiennent, à la vérité, à beaucoup de Perruches que nous distinguerons par la forme de la queue ; mais il n'y a que les Perruches Aras qui aient une certaine portion de la joue dénuée de plumes.

LA PERRUCHE ARA PAVOUANE.

PLANCHES XIV ET XV.

Couleur verte , mêlée de rouge et de jaune ; partie nue autour «les yeux et à la base du demi-bec supérieur ; queue à peu prés de la longueur de l'oiseau entier , étagée également.

La Perriche Pavouane ; Buffon , pl. enl. n.ᵒˢ 407 et 167.
Psitaccus Guyanensis ; Briss. T. IV , p. 331.

Buffon a fait mention de cette jolie espèce de Perruche du nouveau

La Perruche Ara pavouane. Pl. 14.

monde sous le même nom de Pavouane, qu'elle porte à la Guiane, et que nous lui conservons ; mais la figure qu'il en a publiée dans ses planches enluminées, n.° 407, est très-défectueuse, connue il en convient lui-même dans la description qu'il en fait. Brisson l'a également décrite avec son exactitude ordinaire sous le nom de Perruche de la Guiane ; mais ce qu'aucun ornithologiste n'avoit encore remarqué dans cette espèce, comme caractère essentiel, c'est cette partie nue qui entoure les yeux. Brisson avoit bien vu que la base du demi-bec supérieur étoit entourée d'une peau nue et. blanche, dans laquelle sont placées des narines. Ce caractère, joint à celui de la nudité d'une partie des yeux, distingue les Perruches Aras des Perruches proprement dites, et. je m'étonne qu'il ait pu échapper à un naturaliste dont. L'exactitude caractérise toutes les descriptions.

La Pavouane varie beaucoup dans sa taille, et même dans son plumage. Elle est plus ou moins grande, suivant les cantons qu'elle habite. En général, les oiseaux sont toujours plus petits dans les pays incultes et déserts que dans les lieux cultivés, où ils trouvent une nourriture non-seulement plus abondante, mais plus succulente. Sa taille ordinaire, dans la Guiane, est d'un pied de longueur. Aux Antilles, où se trouve aussi l'espèce, elle est non-seulement. un peu plus forte, mais son plumage est. plus lustré et coloré plus vivement.

La queue de la Pavouane est toujours à peu près de la longueur de l'oiseau entier mesuré du sommet de la tête à l'anus : elle est étagée également, c'est-à-dire, que les pennes s'allongent graduellement dans la même proportion, depuis les deux plus latérales, qui sont les plus courtes, jusqu'aux deux intermédiaires, qui se trouvent les plus grandes. Sa couleur est par dessus d'un très-beau vert, et par dessous d'un jaune qui, suivant les incidences de la lumière, varie du jaune d'or au jaune brun. Le dessous des pennes de l'aile est d'un jaune obscur. Toute la tête, le cou, le dos, le manteau, le croupion, le dessus des pennes des ailes, ainsi que toutes leurs couvertures supérieures et celles du dessus de la queue, sont d'un beau vert, qui se fonce plus ou moins, ou prend une belle nuance de jaune brillant, suivant qu'on expose plus ou moins ces parties a la lumière. La poitrine, le ventre, les flancs et les couvertures du dessous de la queue, ainsi que les jambes, sont d'un Vert plus foible. Toutes les petites et les moyennes couvertures du dessous des ailes sont d'un beau rouge vif, et les plus grandes, d'un jaune jonquille. Le bec, qui est très-gros, est blanchâtre à sa base, et brunâtre vers sa pointe. Les pieds sont gris, les yeux d'un rouge brun, et les ongles noirs. Les ailes, ployées, atteignent à peu près le tiers de la longueur de la queue ; étendues, elles ont d'envergure à peu près une fois et demie la longueur totale de l'oiseau.

Brisson, dans la description qu'il fait de la Pavouane, parle d'une jarretière rouge, qui entoure les jambes de cette Perruche vers le talon. Cette particularité ne s'observe que sur quelques individus qui se trouvent tapirés, comme l'étoit en effet celui qu'il a décrit. Buffon regarde comme les vieux de l'espèce les individus tapirés de rouge, et comme les jeunes, ceux qui ne sont pas tapirés. C'est une erreur ; car ces oiseaux ne se tapirent qu'accidentellement , comme tous les Perroquets en général. J'ai vu plusieurs de ces Perruches Aras vivantes , et j'en ai disséqué cinq ; ce qui m'a fait observer que les mâles ne diffèrent des femelles que par des couleurs un peu moins vives et une taille inférieure.

J'ai conservé vivant pendant plusieurs années un de ces oiseaux , dont tout le dessus de la tête , le cou et les joues , étoient parsemés de plumes

La Perruche Ara pavouane tapiré. Pl. 13.

rouges, qui y formoient autant de taches. Il mourut de pulmonie. Je l'ai représenté, planche XV.

Un autre individu m'a été envoyé de Cayenne. Dans celui-ci les taches rouges se montroient sur plusieurs couvertures des ailes et sur la poitrine ; et plusieurs des petites couvertures du dessous des ailes étoient jaunes. Celui-là est le seul en qui j'aie remarqué de petites plumes rouges autour du bas de la jambe.[3]

Cette espèce est très-commune, et se trouve dans beaucoup de collections. On en voit deux individus fort beaux au cabinet d'histoire naturelle de Paris. Le citoyen Maugé, à son retour des Antilles, les y a déposés avec beaucoup d'autres objets précieux, recueillis par lui dans son voyage d'Amérique avec le capitaine Baudin.

La Pavouane se réunit en grandes troupes. Elle est très-babillarde, et par conséquent fort ennuyeuse dans l'état de domesticité, d'autant plus qu'elle est naturellement fort méchante, et qu'elle mord indistinctement tout le monde. Elle apprend néanmoins facilement à prononcer des mots, qu'elle articule très-distinctement. J'en ai vu une à Amsterdam, chez un capitaine de vaisseau, qui récitoit le *pater* tout entier en hollandois, en se couchant sur le dos, et joignant les doigts des deux pieds comme nous joignons les mains en priant, ce qu'on lui avoit appris durant la traversée de Surinam en Hollande.

A Cayenne, et généralement dans toute la Guiane, où les Pavouanes sont très-nombreuses, on les trouve dans les forêts pendant la chaleur du jour. Le soir et le matin, elles viennent jouir de la fraîcheur dans les savanes ou sur les arbres qui bordent les rivières. Elles font beaucoup de dégâts dans les plantations à café, car elles sont très friandes de la pulpe de ce fruit. Buffon rapporte qu'elles se nourrissent de préférence, à Cayenne, du petit fruit d'un grand arbre que dans le pays on nomme l'*immortel*, et que Tournefort a désigné sous le nom de *Corallodendron*.

---

3 Gmelin, dans la description qu'il fait de cette Perruche Ara sous le même nom de Pavouane, lui donne des pennes jaunes, bordées de noir aux ailes. C'est une faute ou une erreur.

LA PERRUCHE ARA A GORGE VARIÉE.

Front d'un bleu verdâtre ; gorge variée ; neuf pouces de longueur totale ; base de la mandibule supérieure entourée d'une peau nue et blanche ; tour des yeux également nu.

PLANCHE XVI.

Perriche à gorge variée ; Buffon , pl. enlum. n.° 144. *Jolie*

La Perruche Ara, à gorge variée. Pl. 16.

Perruche de Cayenne ; SALERN p.72

CETTE jolie petite Perruche Ara se trouve , comme la Pavouane , à la Guiane , et notamment à Cayenne et à Surinam , d'où je l'ai reçue plusieurs fois. Son corps est à peu près de la grosseur de notre petite grive des vignes. Elle a cependant neuf pouces de longueur totale , en y comprenant la queue , qui seule en a plus de cinq. Nous l'avons représentée de grandeur naturelle dans la figure que nous en donnons.

Elle a la base de la mandibule supérieure ceinte d'un bandeau étroit , formé d'une peau nue et blanche , dans laquelle sont placées les narines. Le tour des yeux est également nu , et d'une couleur blanche ; ce qui nous l'a fait ranger parmi les Perruches Aras , et avec d'autant plus de raison que , par son port , son attitude et la couleur rouge du dessous de la queue , elle paroît même se rapprocher davantage encore des Aras proprement dits que la Perruche Ara Pavouane.

Ce charmant oiseau a le front d'un bleu verdâtre , que Buffon nomme vert d'eau. Les plumes du reste de la tête et du derrière du cou , ainsi que celles de la partie des joues qui avoisine les yeux et la mandibule inférieure , sont d'un brun foncé , légèrement nué de vert bleuâtre. Entre ces plumes se dessinent stress-distinctement celles effilées et à barbes rares , qui couvrent les oreilles , et qui sont. d'un brun clair.

La gorge , les côtés du cou et le devant de la poitrine , sont couverts de plumes arrondies et imbriquées les unes sur les autres. Ces plumes , dans les parties les plus élevées , sont du même brun que celles du derrière de la tête , et bordées d'une ligne d'un brun clair , qui , les détachant les unes des autres , leur donne la forme d'autant d'écailles de poisson. Celles qui sont sur le haut de la poitrine sont mélangées d'une teinte verdâtre , et leurs bordures ont une nuance rougeâtre. Les suivantes ont encore plus de vert , à mesure qu'elles descendent , de sorte que les dernières se confondent avec le beau vert qui colore le bas de la poitrine , les flancs , les jambes et toutes les couvertures du dessous de la queue , pendant que le ventre et le dos sont d'un beau rouge brun , pourpré.

Le bas du derrière du cou , le manteau , les scapulaires , les petites et les grandes couvertures du dessus des ailes , sont d'un vert foncé très brillant. Les couvertures supérieures de la queue sont en partie du même vert , frangé de brun rouge. Quelques petites plumes d'un rouge vif de vermillon se font remarquer sur le poignet des ailes , où elles forment de jolies épaulettes. Les grandes pennes des ailes sont d'un beau bleu d'outre-mer en-dessus , avec un petit liséré vert , qui les détache agréablement les unes des autres. Toutes leurs pointes sont d'un vert bruni , ainsi que la partie la plus intérieure de leurs barbes.

La queue , qui est graduellement étagée , est en grande partie d'un brun pourpré en-dessus , avec des franges vertes sur les bords extérieurs de chacune de ses pennes ; mais de manière que le vert prend toujours plus d'espace , à mesure que la penne est plus longue ; de sorte que ce sont les plus internes , ou les plus grandes , qui ont le plus de cette couleur. Le dessous de la queue est d'un rouge brun , sur un fond noirâtre , qui lui fait prendre un ton plus ou moins éclatant , suivant les incidences de la' lumière.

Enfin , les plus petites couvertures du dessous des ailes sont vertes. Les plus grandes , ainsi qu'une grande partie de leurs revers , sont d'un vert jaune olivâtre très-foible , glacé de gris. Le bec et les pieds sont d'un brun clair , les ongles noirâtres , et les yeux d'un brun rougeâtre.

Il faut croire que dans le temps où Buffon parla de cette Perruche elle étoit plus rare qu'elle ne l'est aujourd'hui , puisqu'il est peu de collections où on ne puisse la voir actuellement. Ce naturaliste dit qu'on ne la voit pas fréquemment à Cayenne. Nous savons cependant qu'elle y est très-commune , et généralement dans toute la Guiane. On les rencontre aussi à Surinam. Au reste , partout où se trouve en général une espèce de Perroquets , il est certain qu'elle ne peut y être rare , car ces oiseaux , vivant en troupes , pullulent nécessairement beaucoup.

LA PERRUCHE ARA A BANDEAU ROUGE.

Couleur verte ; plumes de la gorge de couleur olivâtre , à bordures jaunes ; pointe du bec évasée ; queue plus longue que le corps.

PLANCHE XVII.

Voici une espèce dont il n'est fait mention dans aucun auteur , et que nous regardons comme nouvelle. Elle a de si grands rapports avec a celle que nous venons de décrire , qu'au premier aperçu nous avons cru que celle-ci

La Perruche Ara, a bandeau rouge. Pl. 17.

n'en étoit qu'une variété : mais en les comparant plus scrupuleusement l'une avec l'autre, il nous a été impossible de méconnoître leurs caractères distinctifs.

Quoique de la même taille, celle-ci est plus svelte. Elle a le bec plus fort et surtout plus long. Ses ailes ont neuf lignes de plus de longueur, ce qui est très-considérable pour des oiseaux dont la longueur totale n'excède pas dix pouces.

La Perruche Ara à bandeau rouge a de plus la pointe du bec plus évasée, et l'on y remarque un sillon profond, qui partage en deux parties égales la tranche aplatie qui est à la naissance de la mandibule supérieure. Au reste, les deux Perruches étant figurées de grandeur naturelle, le lecteur saisira facilement lui-même les différences qui, jointes à celles que l'on remarquera dans leurs couleurs, nous ont paru suffisantes pour nous déterminer à les séparer.

Une membrane nue, dans laquelle sont placées les narines, embrasse la base de la mandibule supérieure, et entoure les yeux. Le front est ceint d'un bandeau très-étroit, dont la couleur générale est un brun pourpré, mêlé de quelques coups de pinceau d'un rouge vermillon, qui, entre les deux narines, est plus foncé et plus apparent. La tête, le derrière du cou et les joues, sont couvertes de plumes vertes, variées de taches d'un jaune pâle, terni. Celles des oreilles ont une teinte vineuse. La gorge, le devant du cou et la poitrine, sont d'un vert olivâtre, à bordures d'un jaune terne, qui n'imitent point des écailles, mais ressemblent plutôt à de petits carrés.

Le bas ventre, ainsi que tout le revers de la queue, est d'un rouge pâle, nué d'une légère teinte verte. Le manteau, le dos, le croupion, les couvertures du dessus et du dessous de la queue, toutes celles du dessus et du dessous des ailes, les flancs et les jambes, ainsi que les scapulaires et les pennes secondaires de l'aile, sont d'un vert plein, plus foncé cependant sur les ailes que partout ailleurs. On voit par là que cette espèce n'a pas le croupion rouge, comme la précédente.

Nous avons remarqué que l'extrémité de la queue varioit de teintes, suivant les incidences de la lumière, et qu'il est des positions où elle prend, vers sa pointe surtout, un beau ton d'un jaune d'or. Les ailes, ployées, atteignent le milieu de la queue. Le bec est d'un brun clair ; les pieds et les ongles sont d'un brun plus foncé. Nous ignorons la couleur des yeux, n'ayant pas vu l'oiseau vivant.

Cette jolie espèce, qui se trouve au Brésil, fait partie du cabinet du citoyen Baillon, qui a beaucoup mérité de l'histoire naturelle, puisque non-seulement nous devons à ses soins généreux la précieuse collection des oiseaux marins qui fait partie du Muséum d'histoire naturelle de Paris, mais que c'est encore lui qui, depuis plus de vingt ans, peuple gratuitement les bassins du Jardin des plantes de tous les oiseaux aquatiques qu'il peut se procurer sur les bords de la mer qu'il habite. Le gouvernement récompensera sans doute un zèle aussi actif c'est un acte de reconnaissance auquel il ne peut se refuser sans blesser la justice dont il se fait aujourd'hui gloire et honneur.

LA PERRUCHE ARA GUAROUBA.

PLANCHE XVIII , LE MÂLE ;

PLANCHES XIX , LA FEMELLE ; ET XX , LE JEUNE AGE.

Jaune orangé ; le tour des yeux nu et de couleur blanche ; les pennes des ailes et les latérales de la queue bleues.

Guarouba ou Perruche jaune , cinquième espèce à queue longue

Perruche Ara, Guarouba mâle. Pl. 18.

Barraband pinx.   De l'Imprimerie de Langlois

et inégale ; Buffon , pl. enl. n.° 525. *Psitaccus brasiliensis lutea* ;
Briss. *Psitaccus Garouba* ; Gmelin.

La Perruche Ara Guarouba varie tellement dans ses divers âges , qu'elle
a été donnée sous plusieurs noms différens par tous les ornithologues.
Buffon , après l'avoir admise d'abord au nombre de ses Perruches à queue
longue et égale , sous le nom de Perruche jaune , en introduit une autre , sous
le nom de Guarouba ou Perruche jaune , parmi ses Perruches à queue longue
et inégale. Cette erreur , au reste , Buffon ne l'a commise que d'après les
nombreux auteurs qui , avant lui , avoient fait de la Perruche Ara Guarouba
plusieurs espèces distinctes. Il paroît ne l'avoir jamais vue , quoiqu'il ait

Perruche Ara Guarouba femelle. Pl. 19.

donné une figure de cet oiseau , considéré dans son jeune âge , dans ses planches enluminées , n.° 525 , sous le nom de Perruche jaune de Cayenne ; dénomination impropre , même à ses yeux , puisque cet auteur convient , dans sa description , que l'espèce se trouve au Brésil , mais qu'on ne la voit jamais aux environs de Cayenne. Albin parle aussi du même oiseau : il l'appelle Perroquet d'Angola , tout en avouant qu'il se trouve aux Indes occidentales. Enfin , en consultant les nombreuses descriptions tronquées qu'on en a données , on est surpris de voir qu'il n'y en ait pas deux qui soient conformes , bien qu'il n'y en ait aucune qui n'ait été puisée dans les anciens

Perruche Ara, Guarouba dans son j'âge. Pl. 20.

Barraband pinx.t   De l'Imprimerie de Langlois auteurs.

Nous mettrons cette Perruche au nombre des Perruches Aras , parce qu'elle a autour de l'œil une peau nue , de couleur blanche ; caractère qui a échappé à tous les naturalistes qui ont décrit cet oiseau: Buffon , du moins , n'en parle pas dans sa description , quoique , dans la planche que nous avons citée , le peintre l'ait très-bien exprimé. Nous conservons aussi a ce bel oiseau le nom de Guarouba , que Buffon lui a composé d'après celui de Guarouba que les Brésiliens lui donnent , et qui signifie oiseau jaune. Nous eussions cependant préféré de lui laisser sans altération le nom qu'il porte dans son pays natal ; mais nous avons craint d'accroître encore ici le danger des dénominations multipliées , qui sont , en grande partie , la cause des erreurs dont fourmille l'histoire des oiseaux , par la confusion. qu'elles ont apportée dans la distribution des espèces , dont la plupart. sont purement nominales dans les auteurs classiques.

Cette Perruche a été très-long-temps fort rare dans nos cabinets , mais elle y devient de jour en jour plus commune , la beauté de son plumage invitant les voyageurs à nous l'apporter. Elle est d'une taille moyenne: nous n'en donnerons pas les dimensions , parce que l'oiseau est représenté de grandeur naturelle dans les figures que nous en publions en tête de cette description , d'après les individus que j'ai dans mon cabinet , individus que j'ai possédés vivans.

Le plumage du Guarouba mâle est d'un jaune rougeâtre ou couleur d'orange sur la tête , la face , le devant du cou et la poitrine , ainsi que sur tout le dessous du corps , y compris les plumes des jambes et les couvertures du dessus et du dessous de la queue: on remarque cependant dans quelques-unes de ces parties des nuances d'un jaune de jonquille , qui en relève l'éclat. Toutes les couvertures supérieures des ailes sont d'un beau jaune pur , et portent , chacune , une bordure rougeâtre , qui les détache en écailles les unes des autres. Les scapulaires et le dos sont colorés et dessinés comme ces dernières parties. Les grandes pennes des ailes ont leurs pointes bleues et leurs bords extérieurs verts ; les moyennes sont d'un bleu pur , et les dernières , vertes et jaunes. Les pennes intermédiaires de la queue sont d'un beau vert , à l'exception de leurs pointes , qui sont d'un bleu foncé ; les latérales ont leur dessus du même bleu , et leurs barbes intérieures , d'un gris noirâtre. Les yeux sont d'un jaune d'or. Le bec , noirâtre à ses deux extrémités , est gris sur toute cette partie comprise entre l'une et l'autre. Les griffes sont noires , et les pieds , gris.

En décrivant cet oiseau , nous l'avons considéré dans son état parfait et hors des atteintes de la domesticité ou de l'esclavage : dans ce dernier état , il varie. tellement que souvent une partie de ses grandes pennes alaires , ainsi que celles de la queue , deviennent jaunes. En général , le jaune domine alors , et le rouge comme le bleu s'effacent peu à peu.

La femelle est un peu plus petite que le mâle ; son plumage est d'un jaune jonquille sur le sommet de la tête , le cou , les scapulaires , le dos , la poitrine , et sur toutes les couvertures supérieures des ailes , dont aucune n'a de bordure rougeâtre. Le rouge orangé ne se montre que sur le front , les côtés de la tête et les flancs. Les plumes des jambes , celles qui couvrent le bas ventre , le croupion , les couvertures du dessus et du dessous de la queue , sont d'un jaune mêlé 'de vert. Les ailes ont. plus de vert et moins de bleu que celles du mâle : la queue porte aussi plus de vert , n'ayant que la bordure extérieure de ses pennes latérales et les pointes des intermédiaires qui soient bleues.

Le jeune mâle de la Perruche Guarouba est , sur tout le corps , d'un jaune uniforme , moins vif encore que celui de la femelle ; car il ne porte aucune des teintes rougeâtres qu'on aperçoit dans certaines parties de celle-ci. Les grandes pennes des ailes , les bordures extérieures des latérales de la queue et les pointes de ses intermédiaires , sont bleues ; dans tout le reste , l'aile et la queue sont d'un vert jaunâtre , sauf quelques bordures tout-à-fait jaunes sur les dernières pennes et les plus grandes. couvertures de l'aile. Toutes les autres couvertures du dessous de celle-ci sont du même jaune que le plumage en général , à ceci près qu'on y remarque , ainsi que sur les scapulaires , quelques taches vertes , assez irrégulièrement distribuées ; ce qui me porteroit à croire que les premières plumes de cet oiseau sont entièrement vertes , et que ce n'est qu'à sa seconde mue qu'il commence à prendre du jaune.

La planche enluminée de Buffon , n.° 525 , représente ce jeune Guarouba , et non une autre Perruche de Cayenne. Le Guarouba ne se trouve ni dans la Guiane ni aux environs de Cayenne ; jusqu'ici , du moins , il ne nous en est parvenu aucun individu. On le trouve au Brésil , et j'en ai eu un mâle et une femelle qui ont vécu ensemble chez moi pendant trois ans. Ils étoient d'un caractère très-doux , et fort caressans. La femelle pondit plusieurs œufs entièrement blancs et transparens , qu'elle couva à diverses reprises , mais jamais assez constamment pour qu'ils pussent éclore. J'en fis couver deux par une tourterelle , mais d'encore sans succès. Il est vrai aussi que je ne vis jamais le mâle côcher sa femelle. Notre climat est sans doute trop froid pour exciter les mâles à l'acte de la génération: je dis les mâles , car les femelles de tous les Perroquets paroissent plus portées à l'amour ; du moins semblent-elles souvent faire à leurs mâles des provocations , qui le plus souvent restent sans effet.

LES PERRUCHES

LES PERRUCHES PROPREMENT DITES.

Les Perruches que nous allons décrire, et que nous surnommons PROPREMENT DITES, se distinguent des Perruches Aras en ce qu'elles n'ont point une portion de la joue nue comme celles-ci: à cela près, elles en ont tous les caractères et toutes les formes ; corps svelte et alongé ; queue plus ou moins longue, et toujours étagée, mais étagée si diversement que nous diviserons en trois sections le genre entier des PERRUCHES PROPREMENT DITES. Dans la première, nous parlerons de celles dont les pennes de la queue sont étagées à peu près également, et de façon à représenter dans leur déploiement la forme d'un fer de lance. La second comprendra les Perruches dont nous désignerons la queue par l'addition des mots en flèche (queue en flèche), parce qu'en effet elles l'ont plus effilée par le prolongement des deux pennes intermédiaires, qui détendent beaucoup au-delà des secondaires. La troisième, enfin, nous la destinons aux Perruches dont la queue, au lieu de se terminer en pointe, comme celle des deux premières, est, au contraire, très-large à son extrémité. Cette dernière et petite famille, nouvelle dans toutes les espèces que nous en avons rassemblées, semble rapprocher le genre des Perroquets de celui des Touracos, et même des Couroucous.

Buffon avoit, avant nous, divisé les Perruches en deux sections, et même en quatre, en séparant celles de l'ancien continent de celles du nouveau monde, division que nous ne suivrons pas, par la raison que, dans l'un et l'autre hémisphère, ces oiseaux présentent les mêmes caractères généraux. D'ailleurs il est souvent arrivé à ce naturaliste, comme nous l'avons déjà fait observer, de décrire un même oiseau sous différens noms, et de placer la même espèce dans chacune de ses divisions, erreur que nous éviterons bien certainement ; car nous ne parlerons jamais que des espèces que nous aurons vues en nature, et dont, par conséquent, nous aurons constaté par nous-même les caractères. Il est bon de remarquer ici que, dans l'état de domesticité, les Perruches varient beaucoup, non-seulement par rapport à leurs couleurs, ainsi que tous les Perroquets en général, mais même dans la forme de leur queue ; car elle s'y altère au point d'offrir des différences caractéristiques par l'extension extraordinaire de quelques-unes des pennes, ou latérales ou intermédiaires. Ceci a pu, sans doute, encore, induire en erreur bien des naturalistes inexpérimentés ; c'est aussi pourquoi nous avons toujours préféré de décrire les individus pris dans leur état de nature, et tués dans les bois.

DES PERRUCHES A QUEUE FER DE LANCE.

LA PERRUCHE ÉMERAUDE.

PLANCHE XXI.

Vert brillant ; abdomen violacé ; queue brun pourpré ; mandibule supérieure plate sur son arête ,

La Perruche Émeraude . Pl. 21.

De l'Imprimerie de Langlois.

La Perruche émeraude ; Buffon , pl. enl. n.° 85 , sous le nom de Perruche des Terres magellaniques. *Psitaccus smaragdinus* ; Gmelin.

La jolie Perruche qui trouve ici sa place , et à laquelle nous conservons le nom que Buffon lui a donné , est une de celles qui , par la couleur tranchée de leur queue , semblent le plus se rapprocher des Aras. On remarque aussi dans son port , dans ses formes plus massives , une analogie frappante avec les Aras à petite taille ; mais elle n'a point le tour des yeux dégarni de plumes , et c'est ce qui nous détermine à la séparer des Perruches Aras. Nous ne parlerons pas de ses dimensions , parce qu'elle est représentée de grandeur naturelle dans notre planche XXI.

La Perruche émeraude est en général d'un vert plein , très-brillant ; mais toutes ses plumes sont terminées et détachées par une bordure noirâtre , qui en forme autant d'écailles très-distinctes. Le bas ventre est d'un brun pourpré' , légèrement teint de bleu et de violet. La queue est entièrement d'un pourpre bruni , qui prend différens tons , suivant qu'on expose l'oiseau plus ou moins directement aux rayons de la lumière. Le bec est d'un noir lavé , et les pieds sont , d'un gris brunâtre.

Cet oiseau fait partie de la collection du Muséum de Paris , où je l'ai décrit d'après l'individu même qu'on y voit. Il paroît que Buffon ne s'est servi , pour sa description du même oiseau , que de la planche enluminée qu'on en avoit faite , car elle a plus de rapport à cette mauvaise figure qu'à l'original , comme on peut facilement s'en convaincre.

Nous ne connaissons pas du tout le pays de cette Perruche , que Buffon , sur les planches de son ouvrage , place aux Terres magellaniques , tandis que dans sa description , « il n'y a pas lieu à croire , « dit-il , que les Perroquets habitent à de si hautes latitudes. »

Buffon peut avoir raison jusqu'à un certain point dans la dernière de ces assertions contradictoires. Mais nous remarquerons qu'il la fait porter sur un principe faux en lui-même , car il n'est pas exact de dire que les Perroquets ne vivent que de fruits tendres et succulens : il est , au contraire , prouvé qu'ils préfèrent toujours les noyaux ou les pepins des fruits aux fruits eux-mêmes. S'il est vrai que les Terres magellaniques produisent beaucoup de baies sauvages (dont les pepins sont ordinairement fort gros) , il pourroit bien se faire que quelques Perruches ou Perroquets s'y transportassent dans certaines saisons de l'année , pour en profiter. Dans mon voyage au Cap de Bonne-Espérance , j'ai trouvé des Perroquets sur les' hautes montagnes , où il fait des froids très-vifs. Ce seroit donc sans fondement que Buffon trouveroit qu'il y a peu d'apparence que ces animaux franchissent le tropique du Capricorne. Quant aux Perroquets trouvés dans la nouvelle Zélande et à la Terre de Diemen par Cook , et que Buffon ne veut pas non plus admettre , il ne reste aucun doute aujourd'hui sur la véracité de l'illustre voyageur Anglois.

C'est ainsi que des faits détruisent peu à peu toutes les brillantes théories de d'imagination.

LA PERRUCHE A COLLIER ROSE.

PLANCHE XXII , LE MÂLE ADULTE ;

PLANCHE XXIII , LE JEUNE AGE , GRANDEUR NATURELLE.

Perruche à collier rose, mâle. Pl. 22.

De l'Imprimerie de Langlois.   Barraband pinx.

Verte ; queue plus longue que le corps ; collier rose sur la nuque ; gorge noire ; mandibule supérieure rouge , l'inférieure noirâtre ; une petite ligne noire du coin de l'œil aux narines.

Perruche à collier couleur de rose ; Buffon pl. enl. n.° 551.
Psitacca torcata ; Gmelin.

Cette belle Perruche porte un collier couleur de rose , qui , lui ceignant le derrière du cou , s'étend jusques sur les côtés , où il est contigu à un autre collier noir. Celui-ci passe un peu par-dessus , embrasse toute la gorge , et se termine par une bande jaune qui , faisant un demi-tour sur le devant du cou ,

Le jeune âge de la Perruche à collier rose. Pl. 23.

De l'Imprimerie de Langlois .

forme la continuation du collier rose. 'Un petit trait noir , qui communique de la narine à l'angle de l'œil de chaque côté du front , donne à cet oiseau une physionomie qui le distingue d'une manière toute particulière de la plupart des espèces avec lesquelles plusieurs naturalistes l'ont très-mal-à-propos confondu ; notamment Gmelin , qui a donné plusieurs espèces très-distinctes pour autant de variétés de cette même Perruche à collier rose. Nous relèverons cette erreur à mesure que nous parlerons des espèces qui y ont donné lieu.

Celle dont il est ici question a le dessus de la tête et la face d'un beau vert de pré ; mais dans les parties qui joignent par derrière et sur les côtés les colliers dont nous avons parlé plus haut , ce vert se mélange d'une riche teinte violette. Au-dessous du collier rose , le vert. est pur , mais il se fonce toujours , un peu plus , à mesure qu'il approche des parties basses du dos , du croupion et des couvertures supérieures de la queue. Les scapulaires sont du même vert , ainsi que toutes les couvertures du dessous des ailes , dont les pennes sont néanmoins plus foncées. Le bas du devant du cou , la poitrine , le ventre , les jambes et les couvertures du dessous de la queue , sont d'un vert imprégné d'une forte teinte jaune. Les couvertures du dessous des ailes , et les flancs , sont d'un jaune vert. Le revers des pennes des ailes est d'un joli gris ardoisé. Toutes les pennes latérales de la queue , qui a une fois et demie la dimension du corps , sont d'un vert jaunâtre sur leurs bords extérieurs , tandis que celles du milieu sont d'un vert plus foncé , nuancé de bleu , et jaunes à leurs extrémités dans quelques individus. Tout le revers de la queue est jaune. Enfin , la mandibule supérieure est rouge , à sa pointe près , qui est noire: l'inférieure est d'un noir tirant au rouge. Les pieds et les ongles sont gris , les yeux d'un jaune rougeâtre.

Tel est le mâle de la Perruche à collier rose , considéré dans son état parfait. Quant à sa taille , elle Varie beaucoup , suivant les différens pays qu'il habite , car l'espèce se trouve et dans quelques cantons de l'Afrique et dans une grande partie de l'Inde , mais non dans le nouveau monde , à moins qu'elle n'y ait été transportée ; et c'est par erreur que Brisson l'a placée en Amérique , où on ne la voit , comme en Europe , que parmi les animaux domestiques. J'en ai eu dans mon cabinet deux individus , dont l'un a été apporté du Sénégal , l'autre a été tué au Bengale. Le premier nia que de quatorze à quinze pouces e longueur totale , tandis que le second en a dix-huit ; le bec de e dernier , et même toutes ses autres parties , sont proportionnellement plus fortes aussi ; mais les couleurs sont absolument les mêmes dans les deux individus.

Dans le jeune âge , le mâle est entièrement vert , ne portant alors ni collier rose derrière le cou , ni plaque noire sur la gorge , et son bec est noirâtre dans cet état (voyez notre planche n.° XXIII) ; ce n'est qu'à l'âge de trois ans que cet oiseau commence à prendre les couleurs de son sexe.

La Perruche à collier rose femelle ressemble absolument au jeune mâle. Il suffira donc du portrait que nous avons donné de celui-ci , pour qu'on ait de celle-là une idée exacte. Il est , au reste , dans les lois générales de la nature , que chez tous les oiseaux les jeunes mâles ressemblent beaucoup aux femelles adultes.

LA PERRUCHE A TÊTE BLEUE.

PLANCHE XXIV , LE MÂLE.

Verte ; tète et face bleues ; tache au ventre de la même couleur ; poitrine rouge ; flanc jaune ; mandibules d'un brun rougeâtre ; collier de cette dernière couleur sur la nuque ; queue aussi longue que le corps.

La Perruche des Moluques , BUFFON , pl. enlum. n.° 743

Perruche à tête bleue, mâle. Pl. 24.

La Perruche à tête bleue varie si considérablement dans ses différens âges, qu'il est rare d'en trouver dans nos collections deux parfaitement semblables ; et c'est sans doute là ce qui a occasionné tant de discordances dans les descriptions qu'on a faites de cet oiseau. La plupart des nomenclateurs, trompés par les différens uniformes des individus, ont vu dix espèces différentes dans la même, quoiqu'à sa tête bleue, constamment la même, on eût dû reconnoître cette Perruche dans tous ses états, et s'empêcher de tomber dans de telles méprisés.

Pour nous, nous 'nous contenterons de décrire et de représenter l'état parfait du mâle de la Perruche tête bleue, celui de sa femelle, le jeune âge, et seulement une de ses variétés la plus extraordinaire ; car s'il falloit faire plus qu'indiquer les autres changemens passagers ou variations accidentelles que la domesticité fait subir à l'espèce, nous aurions à donner autant de figures qu'il se trouveroit d'individus dans ce dernier état. Nos observations, au reste, à l'égard de cet oiseau, seront d'autant plus exactes et préférables, que nous en avons vu nonseulement plusieurs individus tués aux Moluques, leur pays natal, et dans l'état sauvage, mais même de vivans dans la ménagerie du Cap de Bonne-Espérance. Nous avons vu, notamment dans cette dernière ménagerie, le mâle et la femelle qu'on y conservoit: ils y firent des petits, qu'ils élevèrent, et que nous ne perdîmes pas de vue ; ce qui nous mit à même de compléter l'histoire de cette belle espèce. Nous ne donnerons pas ici ses dimensions, parce qu'elle se trouve sur nos planches, représentée de grandeur naturelle, suivant notre usage, lorsque la taille d'un oiseau ne passe pas le cadre de notre format.

La tête, la lace et la gorge de notre Perruche, sont toutes d"un beau bleu d'azur violacé ; de manière qu'elle paroît être coiffée d'un capuchon de cette couleur, qui descend davantage sur le devant, et s'y termine par un rouge vil". Ce rouge se dégrade insensiblement sur les côtés de la poitrine, en se lavant d'une teinte jaunâtre, et prend sur les flancs un beau jaune de jonquille. Le capuchon se termine sur le derrière de la tête par un collier d'un jaune pâle. On remarque entre les cuisses une belle tache de bleu violet, qui 'descend jusqu'au bas ventre. Les jambes sont entourées d'une jarretière rouge par devant, et sont d'ailleurs vertes par derrière, avec quelques traits jaunes e-n coups de pinceau. Sur les côtés, le bas ventre et les côtés des cuisses sont agréablement mélangés de vert, de bleu et de jaune. Tout 'le manteau, le dessus des ailes, le dos, le croupion, les couvertures supérieures de la queue, et ses pennes, sont d'un beau vert lustré, relevé en bleu. Celles-ci sont, au revers, d'un jaune pâle et à bordures brunâtres. Les couvertures du dessous de la queue sont jaunes, et bordées de vert. Le dessous de l'aile est brunâtre à la pointe, jaune dans le milieu, et rouge sur les bords: les grandes couvertures en sont mélangées de vert, de rouge et de jaune. La partie supérieure du bec est rouge, et l'inférieure, jaunâtre.

Les yeux sont couleur d'ocre ; les pieds, gris brun.

A ces traits on reconnoît la Perruche à tête bleue mâle, considérée 'dans son état parfait, et n'ayant subi aucune des altérations causées par la domesticité, état dans lequel cet «oiseau varie beaucoup, ainsi que tous les Perroquets. J'ai vu, dans cet état, plusieurs individus qui avoient toute la poitrine jaune, et don-t le rouge s'étoit répandu sur le manteau: d'autres, au contraire, étoient tachetés de jaune sur tout le 'dessus du corps. Celui que Buffon décrit, et qui avoit l'occiput d'un vert bru-n, offre encore une légère variété de cette même espèce ; ce qu'avoit très-bien pressenti ce naturaliste, en regardant avec raison cet individu, représenté n.° 61 de ses planches enluminées, comme une simple variété de sa Perruche des Moluques, n.° 745, et qui elle-même, ayant le dos tacheté de rouge et de jaune, n'offre point l'espèce dans toute sa pureté.

LA PERRUCHE A TÊTE BLEUE.

PLANCHE XXV , LA FEMELLE.

E<small>LLE</small> est absolument de la force et de la taille du mâle , si ce n'est qu'elle porte la queue plus courte ; ce qui lui donne un peu moins de longueur totale. Elle a , comme lui , la tête et la face bleues , et le demi-collier jaune de la nuque ; mais ce collier a ici un ton plus verdâtre , et le bleu de la face y est

Perruche à tête bleue, femelle. N°25.

Barraband pinx. De l'Imprimerie de Langlois.

moins lustré de violet. Le manteau , les ailes , le dos , le croupion et le dessus de la queue , sont d'un beau vert. La poitrine est couverte de plumes d'un rouge cramoisi , terminées par des bordures vertes , qui , les détachant les unes des autres , produisent l'effet le plus agréable. Les flancs , les cuisses , les jambes , le bas-ventre et les couvertures du dessous de la queue , sont d'un vert jaunâtre. Le revers de la queue est jaune , ainsi que le milieu de celui des pennes alaires. Les couvertures du dessous de l'aile sont jaunâtres , et mêlées de vert. Le bec ,'enfin , est d'un brun rougeâtre ; et les pieds ressemblent à ceux du mâle. On voit par cette description que la femelle n'a point , comme celui-ci , de tache bleue sur le ventre , et qu'elle n'a pas non plus les jambes rouges par devant ; caractère auquel il est toujours facile de reconnoître le mâle : car , avant même qu'il ait totalement quitté la livrée de l'enfance pour prendre celle , très-différente , de l'état parfait , il ressemble absolument à sa femelle par la poitrine: de sorte que , dans le moyen âge , il a les plumes rouges de la poitrine terminées aussi par une bordure verte , tandis que sur les flancs elles le sont de jaune ; mais , comme je l'ai fait observer , il a , dès ce moment , les plumes des jambes en partie rouges , et le ventre bleu. Cet état du mâle présente une des plus agréables variétés de l'espèce , par la beauté de son habit richement bigarré sur la poitrine et les flancs.

La Perruche à tête bleue , dixième espèce à queue longue et égale de Buffon , est donc la femelle dont nous venons de parler , ou un jeune mâle , varié seulement par le brun vert de l'occiput.

LA PERRUCHE A TÊTE BLEUE.

PLANCHE XXVI , LE JEUNE AGE.

Dans son premier âge , c'est-à-dire , à ce moment où elle abandonne le nid , revêtue de toutes ses plumes , cette Perruche a la tête et la face d'un bleu d'azur moins foncé , et les parties supérieures du corps , des ailes et de la queue , d'un vert moins gai que dans l'état parfait. Le devant du cou est d'un

Perruche à tête bleue, dans son j.e âge. N.o 26.

Barraband pinx. De l'Imprimerie de Langlois.

jaune pâle. La poitrine et les flancs , ainsi que tout le dessous du corps jusqu'au bas du sternum , sont d'un vert jaunâtre , encore plus lavé sur les jambes , le bas ventre et toute la région abdominale , les couvertures du dessous de la queue , et même son revers. Le bec est d'un gris brun clair. Les pieds sont gris , et les yeux brunâtres.

La Perruche à tête bleue de Buffon , pl. enl. n.° 192 , qui forme sa quatrième espèce à queue longue et égale , n'est autre chose que le jeune âge dont nous venons de parler. La sixième espèce du même auteur , dite Perruche à tête d'azur , est encore le même oiseau , qu'il décrit d'après Albin , et auquel celui-ci a donné , dans la figure qu'il en a publiée , une queue bleue qu'il n'a pas.

L'espèce de la Perruche à tête bleue se trouve à Bornéo et à Banda , d'où les Hollandois , maîtres de toute cette partie de l'Inde , l'ont importée en Europe , et en si grand nombre d'individus , qu'il est peu de cabinets en Hollande où l'on ne voie ce bel oiseau. Il y en a deux superbes dans le cabinet de M. J. Temminck à Amsterdam: j'en ai vu le mâle et la femelle dans celui de M. Raye de Breukelervaert , aussi à Amsterdam : M. Holthuysem en possédoit plusieurs belles variétés dans la même ville. J'en ai vu encore chez M. Gevers à Rotterdam , et , près de Leyde , chez M. Bœrs , bailli à Asserswoude: il y en avoit , enfin , deux dans le cabinet du prince d'Orange à la Haye , les mêmes qui se trouvent aujourd'hui au Muséum d'histoire naturelle à Paris.

Les deux individus , mâle et femelle , que j'ai vus au Cap de Bonne-Espérance , y furent apportés directement d'Amboine par un capitaine de la compagnie hollandoise , qui les donna au gouverneur Van-Bletemberg. Celui-ci les fit mettre dans la Ménagerie , où j'eus très-souvent occasion de les voir. Ces oiseaux , d'un naturel très-doux , et fort caressans , venoient se reposer sur la main de tous ceux qui la leur présentaient. Ils se caressoient aussi beaucoup réciproquement , et leur manière étoit de frotter leurs becs l'un contre l'autre ; le mâle donnoit des baisers fréquens à la femelle , en introduisant sa langue dans le bec de celle-ci. Enfin , l'attachement que se montroient ces deux individus , leurs tendres caresses , et de petites attentions marquées , les conduisirent peu à peu à des démonstrations non équivoques. Le mâle côcha sa femelle à diverses reprises et pendant plusieurs jours ; ce qui fit espérer qu'elle deviendroit prolifique. Elle pondit , en effet , un œuf sur le plancher de la volière ; mais il y fut cassé. On mit alors nos deux oiseaux seuls dans un endroit plus retiré ; car il y avoit dans cette volière , entre plusieurs autres Perroquets , des Loris , dont les mœurs sauvages et les cris discordans contrastoient avec ceux de ces deux jolies Perruches. Aux approches de sa seconde ponte , la femelle s'arracha une partie des plumes du ventre , les entassa dans un coin de la grande case où on les avoit logés , et pondit enfin sur ce lit deux œufs presque ronds et entièrement blancs. Elle couva très-assidument , sans que le mâle prît aucune part à cette fonction ; il étoit seulement attentif à apporter à sa femelle des alimens , qu'il lui dégorgeoit dans le bec. Les petits naquirent au bout de dix-neuf jours d'incubation, et se couvrirent, au bout de quelques autres, d'un duvet cotonneux gris cendré, qui-fut remplacé peu à peu par des plumes vertes sur le corps, et bleues sur la tête, telles, en un mot, que je les ai dépeintes pour le premier âge. Ils sortirent du nid au bout de trois semaines, et se juchèrent sur les bâtons, où le père et la mère, indistinctement, leur apportoient de la nourriture, qu'ils leur dégorgeoient dans le bec, comme font les pigeons à l'égard de leurs petits, ils étoient même déjà âgés de six mois qu'ils se laissoient encore donner la becquée. Cela me rendit encore témoin d'une scène fort attendrissante entre le mâle et la femelle. Celle-ci se trouvant entre ses petits et son mâle, juchée sur le même bâton, le mâle, ne pouvant s'avancer jusqu'aux petits, dégorgeoit la nourriture à la femelle, qui la passoit ensuite aux petits ; ces derniers étoient absolument semblables, quoique de différent sexe. Cette ressemblance dura même jusqu'à la première mue, à laquelle leur poitrine se revêtit de plumes rouges, bordées de vert ; et ce ne fut qu'alors qu'on remarqua entr'eux quelques différences, car la tache bleue commençoit à poindre sur le ventre du mâle, et quelques plumes rouges se montraient au bas de ses jambes. Obligé de faire une course dans l'intérieur du pays, je ne pus suivre plus long-temps les progrès de ces deux jeunes oiseaux, et à mon retour, au bout de quinze mois d'absence, la volière se trouva entièrement vide, tout ce qu'elle avoit renfermé ayant été expédié en Europe, sans doute pour la ménagerie du prince d'Orange.

Les scènes touchantes qu'on vient de lire eussent sans doute beaucoup gagné à être décrites par une plume éloquente. Un Buffon, un Lacépède, y auroient répandu tout le charme qu'on trouve dans leurs célèbres ouvrages ; mais j'espère que le lecteur, sentant qu'on n'apprend point l'art de polir ses écrits en courant les montagnes, les vallées et les bois, pardonnera à mon style en faveur de mon zèle et de mon exactitude.

VARIÉTÉ DE LA PERRUCHE A TÊTE BLEUE , SURNOMÈE L'ARLEQUINE.

PLANCHE XXVII.

CETTE charmante Perruche nous présente une variété accidentelle des plus agréables de l'espèce de celle à tête bleue , mais une variété si grande , qu'on auroit certainement beaucoup de peine à reconnoitre aux apparences

Variété de la Perruche à tête bleue . Pl. 27.

Barraband pinx.　　　　　　De l'Imprimerie de Langlois.

quelle n'est autre chose qu'une variété. Elle n'a conservé de son état primitif que les plumes rouges, à bordures vertes, de la poitrine. Le jaune s'est répandu sur tout le reste du corps, et y domine, notamment dans toutes les parties originairement vertes, ainsi que sur les ailes et la queue, avec cette différence néanmoins, et cette singularité à 'égard de celle-ci, qu'une moitié des pennes est restée verte, tandis que l'autre est devenue entièrement jaune. Cette dernière couleur s'est portée même sur les jambes, et forme sur le dos, avec le vert, une bigarrure qui plaît, quoique diversement distribuée sur chaque côté du corps. On retrouve aussi sur la tête et la face quelques traces de bleu, à travers beaucoup de rouge et un peu de jaune. Le bec est orangé rougeâtre: les pieds et les ongles sont jaunes.

D'après ce que nous avons dit précédemment sur les grandes variations que subissent les Perroquets en général, et des causes qui produisent ces variations, celle-ci ne paroîtra pas plus extraordinaire que celle dont nous avons fourni des exemples, lorsque nous avons parlé de l'Ara maracana et de la Perruche Ara pavouane, dont nous avons aussi figuré deux variétés assez singulières. L'on voit même qu'ici, comme dans les autres espèces, l'individu n'a point pris de couleurs qui ne fussent celles de son espèce ; mais qu'elles n'ont fait que se répandre sur d'autres parties, et s'y distribuer d'une manière plus ou moins bizarre, figurant à peu près les habits plaisamment chamarrés de rouge, de jaune, de vert et de bleu, que portent nos arlequins. Comme ce sont là précisément les couleurs de notre variété, nous l'avons surnommée l'Arlequine.

Cet individu a vécu et est mort dans l'état de domesticité, à Batavia, où il avoit sans doute été envoyé d'une des autres Moluques, à moins que l'espèce ne se trouve aussi dans cette grande île, comme à Bornéo, ce que nous ignorons. Il a fait long-temps partie de ma collection, et est aujourd'hui exposé au Muséum d'histoire naturelle à Paris, où chacun peut le Voir sous le même nom que je lui donne ici.

LA PERRUCHE OMNICOLORE.

PLANCHES XXVIII ET XXIX.

Taille svelte et moyenne ; forme élégante ; bec petit ; queue de la longueur du corps ; joue lilas tendre ; tête , devant du cou , poitrine et couvertures du dessous de la queue , rouges.

Cet oiseau , sans contredit l'un des plus beaux de la riche tribu des Perruches , se distingue par l'élégance de ses formes et l'éclat de sa parure , dont l'ordonnance des couleurs est si agréable et si bien entendue , qu'il

Perruche omnicolore. Pl. 28.

Barraband pinx.^t   De l'Imprimerie de Langlois.

semble que la nature se soit plu à l'embellir d'une manière toute particulière. Elle réunit , en effet , à elle seule tous les dons qu'on ne retrouve que partagés , non-seulement entre les autres l Perruches , mais même entre tous les oiseaux en général ; car elle porte sur son riche vêtement toutes les couleurs primitives dans leur pureté et dans leurs plus belles nuances. Ce n'est

Variété de la Perruche omnicolore. Pl. 29.

donc pas sans raison que nous avons cru devoir la nommer Perruche omnicolore. Le rouge pourpré couvre (si on en excepte une large tache lilas tendre , qui embrasse le bas des joues) toute la tête , le devant du cou et la poitrine , en {avançant en pointe jusqu'au milieu du corps. Cette même couleur se rencontrant sur toutes les couvertures du dessous de la queue , y forme une opposition admirable avec la tête. Le dessous du corps est , vers la poitrine , d'un beau jaune de u jonquille , qui prend une nuance plus verdâtre , à mesure qu'il s'approche des parties basses. Toute la région abdominale , les plumes des jambes , les couvertures du dessus de la queue et le croupion , sont verts. Les plumes du derrière du cou , celles du haut du dos , les scapulaires et les deux dernières plumes alaires les plus rapprochées du dos , sont d'un noir velouté , et portent toutes une bordure d'un jaune d'or , qui , en en dessinant les contours , les détache de la manière la plus agréable les unes des autres. Les petites couvertures du poignet de l'aile sont d'un riche violet: celles qui avoisinent les scapulaires , et se trouvent cachées par elles , en portent aussi les couleurs ; c'est-à-dire , qu'elles sont noires et à bordures jaunes , tandis que les autres grandes couvertures du devant de l'aile sont d'un lilas tendre. Celles du dessous de l'aile sont d'un bleu violacé. Les grandes pennes alaires sont , en dehors , d'un bleu vif , et intérieurement , d'un noir glacé , ainsi qu'à leur revers. Les secondaires sont mélangées de vert et de bleu , extérieurement. Les quatre premières pennes les plus extérieures de la queue , qui est étagée comme celles de toutes les Perruches dont nous parlons dans cette série , sont , extérieurement , d'un lilas tendre , qui , l'éclaircissant toujours davantage , blanchit vers la pointe de chacune de ces pennes. La suivante de chaque côté est , extérieurement , d'un beau bleu d'azur ; et , enfin , les deux dernières , celles du milieu de la queue , sont en entier d'un vert gai. Toutes , à l'exception de ces dernières , sont noires dans leurs barbes intérieures , et à leur revers , dans la partie cachée par les recouvremens rouges du dessus de la queue. Nous observerons que la couleur lilas des pennes latérales varie de teinte , suivant les incidences de la lumière , au point même de paroître presque blanche dans certaine position , tandis que dans telle autre elle est du bleu d'azur le plus vif. Les pieds sont gris ; les ongles et le bec , gris-bruns , et les yeux , rouges.

Quoiqu'à cette description très-détaillée on reconnoisse toujours notre jolie Perruche , on ne sauroit se faire une juste idée de toute son élégance , sans jeter les yeux sur les figures que nous en publions ici ; car toutes ses couleurs ont un jeu tel que chaque position différente les varie à l'infini , et en change les nuances et le ton , à mesure que les rayons de la lumière sont plus ou moins obliques. Il a fallu , j'en conviens , les talens réunis du citoyen Barraban , chargé actuellement de tous les dessins de cet ouvrage , du citoyen Bouquet , qui en dirige la gravure , et enfin du citoyen l'Anglois , qui les imprime en couleur , pour avoir rendu avec autant de vérité ce bel oiseau. Je me complais à retracer ici les noms de ces célèbres artistes , afin que le public leur accorde à chacun le tribut d'éloge qu'ils ont certainement droit d'en attendre: quant à moi , qu'il me soit permis de témoigner publiquement ma reconnoissance à chacun de ces habiles coopérateurs dans une partie aussi essentielle de mes ouvrages.

La Perruche omnicolore habite les régions australes. l'individu dont nous publions l'histoire, a vécu quelque temps chez Madame Bonaparte, épouse du premier Consul de la République Françoise. J'en ai vu un autre, semblable, dans la collection de M. Raye de Breukelervaert, à Amsterdam, et enfin un troisième, dont je pris le dessin, dans un cabinet à Leyde, chez une dame Hollandois dont j'ai oublié le nom. Ce dernier étant un peu différent des autres, nous l'avons figuré dans notre n.° 29. Sa différence consiste en ce que le derrière du cou est entièrement chez lui du même rouge que la tête, et que les plumes jaunes du dessous du corps portent toutes une bordure rouge. Dans tout le reste, les couleurs sont ici exactement les mêmes que chez le premier.

Mais la différence que présentent ces deux oiseaux est-elle et n'est-elle qu'une différence de sexe? et, dans ce cas, lequel est le mâle ou la femelle? C'est ce que je n'établirai pas d'une manière certaine, ne m'en étant pas assuré moi-même par la dissection. Cependant je dois dire que le citoyen Becœur, qui a préparé l'individu mort chez madame Bonaparte, m'a assuré que cet individu étoit un mâle. L'autre seroit donc une femelle, ou peut-être un jeune mâle ; et ceci se rapporteroit à ce que nous avons vu à l'article de l'espèce de la Perruche à tête bleue, dont nous avons parlé précédemment, et dont la femelle a les plumes de la poitrine lisérées d'une couleur différente de celles du mâle. Au reste, comme il n'y a à cet égard aucune loi générale qui puisse servir de base à nos jugemens, nous laisserons la question indécise, car rien ne s'oppose plus au progrès des sciences que de donner des conjectures pour des vérités.

LA GRANDE PERRUCHE A COLLIER.

PLANCHE XXX.

Grande taille ; plumage d'un vert gai ; large collier d'un rose foncé sur la nuque ; bande rouge sur le haut des ailes ; bec rouge ; queue plus longue que le corps.

La grande Perruche à collier d'un rouge vif ; Buffon , pl. enl. n.°

La grande Perruche à collier. Pl. 30.

642. *Ring Parraket* ; Edw. Glan. pl. 292. *Psitlacus Alexandri* ;
Linn. ed. X.

Les nomenclateurs ont plus d'une fois confondu cette belle Perruche avec l'espèce que nous avons figurée pl. XXII, quoiqu'elle en diffère beaucoup, et par 'la grandeur de sa taille, et par la beauté de ses épaulettes d'un rouge de vermillon. Elles ont, il est vrai, l'une et l'autre, la gorge noire, et un collier sur la nuque ; mais ici ce collier est beaucoup plus large et d'un rose bien plus vif: il y est d'ailleurs contigu, par en haut et par en bas, au vert gai de tout le derrière du cou, tandis que, dans l'autre espèce, la partie du dessus du collier est d'un joli lilas tendre. Le noir de la gorge se prolonge de chaque côté de la joue, en dessine les contours, et va se joindre juste au collier rouge, auquel il paroît servir d'attache. Les épaulettes sont d'un rouge foncé, et bordent, en longeant les ailes, les scapulaires, qui sont d'un vert plein, comme toute la partie supérieure du corps, les couvertures des ailes, et tout ce qui paroît de leurs pennes lorsqu'elles sont ployées. Le revers des pennes alaires est 'd'un noir bruni dans leurs barbes extérieures, et jaunâtre ailleurs, ainsi que toutes les couvertures du dessous des ailes, et même le revers de la queue, fort pointue et plus longue que tout le corps, du bec à l'anus. Les pennes de la queue sont, en dessus, du même vert que les ailes ; mais on y remarque, vers les pointes, une riche nuance bleuâtre. Tout le dessous du corps est d'un vert tendre, nué de jaune. Le bec et les yeux sont d'un rouge vif, et les pieds grisâtres.

Cette espèce habite les Indes orientales, et on la trouve plus particulièrement à l'île de Ceylan, d'où provenoient deux de ses individus, mâle et femelle, qui ont vécu quelques années chez moi: ces deux oiseaux, d'un naturel très-sauvage et fort criards, étoient absolument semblables par le plumage ; mais la femelle étoit plus petite que le mâle, et sa queue de près d'un tiers moins longue que celle de ce dernier.

La grande Perruche à collier est connue depuis fort long-temps ; car Pline, Solin et Apulée en ont parlé: mais il paroîtroit qu'elle est la seule espèce de son genre qui ait été connue des anciens ; et quoiqu'on la trouve aujourd'hui dans beaucoup de collections, elle n'est cependant pas, à beaucoup près, aussi commune en Europe que celle avec laquelle nous avons déjà dit qu'elle avoit été confondue. On en voit au Muséum de Paris un bel individu, qui a fait partie de ma collection : MM. Raye de Breukelervaert, et Temminck, d'Amsterdam, en possèdent aussi chacun un.

Cet oiseau porte, dans les planches enluminées de Buffon, n.° 642, le nom de Perruche des îles Maldives, quoique ce naturaliste l'ait décrit sous un autre. Nous l'avons figuré sous les deux tiers de sa taille seulement.

LA PERRUCHE A POITRINE ROSE.

PLANCHE XXXI.

Grande taille ; queue aussi longue que le corps ; bande noire passant sur le front , et joignant les yeux ; large moustache noire sur les joues ; bec rouge ; tête

La Perruche à poitrine rose. Pl. 31.

d'un gris lilas ; devant du cou et poitrine couleur de rose ; plumage vert , mêlé de jaune sur les ailes et de bleu sur la queue.

> La Perruche à moustache ; Buffon , pl. enlum. n.° 517 , sous le
> nom de Perruche de Pondichery.

Buffon est le premier qui ait parlé de cette espèce , distinguée par la belle couleur rougeâtre de son cou et de sa poitrine , d'où j'ai tiré la dénomination que je lui applique. Le nom de Perruche à moustache ne la particularité soit pas assez ; car il y a plusieurs espèces de Perruches qui portent des moustaches noires. Quoiqu'à peu près aussi forte de corps , celle-ci a cependant la queue moins longue que la grande Perruche à collier. Sa tête est d'un joli gris de perle , qui prend à certain jour un ton bleuâtre ou de lilas tendre. Le front est traversé par un trait noir , aboutissant de chaque côté au coin de l'œil , pendant qu'une large plaque noire , partant du coin de la bouche , couvre la joue , et s'y dessine circulairement. Le derrière du cou , "les scapulaires , le dos , les couvertures du dessous de la queue , sont d'un vert foncé , qu'on retrouve sur les pennes des ailes et de la queue , mais qui , sur les intermédiaires et les plus longues plumes de celle-ci , se change en un beau bleu , ainsi que sur les ailes: ce vert prend un ton jaune sur les couvertures qui avoisinent les scapulaires , et sur les bordures extérieures des grandes pennes alaires. La partie abdominale et le ventre sont d'un vert moins foncé que le dos , et mêlé de teintes' jaunâtres , qui reparoissent sur les couvertures du dessous des ailes , sur le revers de la queue , et même sur les plumes des jambes. Le bec est rouge , et les pieds sont gris. Cette espèce est représentée sur notre planche dans toutes ses dimensions , et le dessin en a été fait d'après un superbe individu faisant partie du cabinet de M. Temminck d'Amsterdam , qui en possède deux d'une égale beauté. J'en ai vu un autre , bien conservé , dans le cabinet de M. Bœrs , bailli à Asserswoude. Il s'en trouve un quatrième , enfin , au Muséum de Paris , mais chez lequel la couleur rose de la poitrine est effacée. Cet individu avoit d'ailleurs été envoyé en mauvais état , en sorte qu'on a été obligé de lui recoller presque toutes les plumes ; et c'est apparemment ce même individu que Buffon a fait servir à la mauvaise figure qu'il a publiée de cette Perruche à poitrine rose. Il n'est donc pas étonnant que la description de ce naturaliste ne se rapporte pas entièrement à la mienne , qui a été faite d'après trois individus dans le plus parfait état de conservation. La description tronquée que Gmelin a donnée de cet oiseau , est aussi inexacte que celle de Buffon , et a été probablement copiée sur elle , quoique ne s'y trouvant pas même toujours conforme.

LA PERRUCHE INGAMBE.

PLANCHE XXXII.

Taille svelte et allongée ; tête petite ; queue plus longue que le corps , et fort pointue ; tarses longs et grêles ; ongles presque droits ; ligne rouge sur le bord du front ; couleur d'un vert jaunâtre , à bandes transversales d'un brun noir sur toutes les plumes ; bec et pieds jaunâtres ; ongles noirs.

La Perruche ingambe. N.° 32.

Barraband pinx.   De l'Imprimerie de Langlois.

CETTE Perruche, très-remarquable par la longueur extraordinaire de ses tarses, par ses ongles presque droits, sa petite tête et la foiblesse de son bec à mandibule inférieure très-évasée et renflée sur les côtés, présente des caractères si particuliers, qu'en se distinguant de toutes les autres Perruches, elle semble s'éloigner du genre même des Perroquets. En destinant cet oiseau à un genre de vie différent de celui du reste des Perruches, la nature l'a aussi organisé de manière à ce qu'il pût subvenir à des besoins qu'il est obligé de satisfaire à terre en cherchant sa nourriture parmi les hautes herbes, dont les Perroquets auroient, en général, beaucoup de peine à se débarrasser, à cause de leurs ongles crochus et de leurs tarses si courts qu'ils s'y appuient lors même qu'ils marchent. Celui-ci, au contraire, est monté sur de longues jambes qui, en élevant son corps, lui permettent de se mouvoir avec facilité. Des ongles crochus, surtout par derrière, l'auroient sans cesse arrêté dans sa marche, en accrochant les plantes basses et les herbes ; aussi ses ongles sont-ils presque droits, comme l'ongle postérieur de l'alouette, destinée aussi à chercher à terre sa nourriture.

Nous sommes fâchés que la pénurie de renseignemens nous empêche de rien ajouter sur les mœurs et les habitudes de cette espèce ; son histoire offriroit nécessairement des traits par où elle contrasteroit autant au moral avec les autres Perruches, qu'elle en diffère par sa conformation physique: on peut même d'avance conclure de celle de ses pieds, que la Perruche ingambe ne niche pas dans des trous d'arbres, comme les autres Perroquets, puisque les ongles presque droits de ses doigts de devant ne pourroient la soutenir sur le bord de ces trous, où il faudroit de toute nécessité qu'elle s'accrochât un moment avant de se glisser dedans.

Le citoyen La Billardière, connu par son intéressant voyage à la recherche de Lapeyrouse, fait quelque mention de cette Perruche, qu'il a trouvée au Cap de Diemen, mais dont il rapporte seulement qu'elle ne fréquente pas les arbres, qu'elle se tient à terre, et qu'elle y court fort vîte ; ce qu'il étoit facile de pressentir, et ce que j'avois en effet soupçonné en voyant pour la première fois cet oiseau, que je connois depuis plus de dix ans, et que j'ai étudié dans plusieurs cabinets chez mes amis en Hollande. Nous l'avons surnommé ingambe, parce que sa marche, très-vite et bien plus régulière que la leur, le distingue éminemment de tous ses congénaires: les Perroquets en général montrent, comme on sait, dans cet exercice, une mal-adresse, une gaucherie caractérisées.

Notre Perruche offre aussi, par la bigarrure de son plumage, des traits auxquels il est toujours facile de la reconnoître ; car si l'on en excepte le front, que traverse une ligne rouge, elle est partout rayée de noir sur un fond vert, imprégné d'une forte teinte jaune, mais plus approchant de cette dernière couleur sur tout le dessous du corps que sur le dessus, où les rayures sont plus larges et plus prononcées. La queue, qui est très-pointue, présente des bandes régulières, noires, en forme de V très-ouvert, sur un fond jaunâtre. Les premières pennes des ailes sont d'un vert gai, et ondées de jaune. Le bec est jaunâtre Vers sa pointe, et d'un gris brun à sa base. Les pieds sont d'un jaune bruni , et les ongles , noirs.

Des trois individus que nous avons vus de cette espèce , l'un fait partie du cabinet de M. Raye de Breukelervaert , d'Amsterdam ; l'autre appartient à M. Gevers-Arntz , de Rotterdam , et le troisième se trouve à Paris , au Muséum d'histoire naturelle. C'est ce dernier que nous avons représenté de grandeur naturelle sur nos planches. Nous pensons qu'il diffère des deux autres , mais légèrement , ou peut-être même par le sexe ou par l'âge seulement. Je crois , par exemple , me rappeler qu'il est moins grand que celui de M. Raye de Breukelervaert ; que chez lui les rayures sont moins distinctes , et que le fond de couleur y est moins jaune que chez ce dernier: nous nous proposons , au reste , de nous en assurer dans un voyage que nous soupçonnons entr'eux se trouvent confirmées.

LA PERRUCHE A TÊTE JAUNE.

PLANCHE XXXIII , LE MÂLE.

Taille moyenne ; queue à peu près de la longueur du corps chez les mâles , plus courte chez les femelles ; bec d'un blanc jaunâtre ; front et joues d'un orangé rougeâtre ; tête et haut du cou jaunes , ainsi que le bord des ailes en dessous ; plumage d'un vert jaunâtre ; pieds gris-blancs.

Perriche à tête jaune ; Buffon , pl. enl. n.° 499 , sous le nom de Perruche de la Caroline. *Psittaca carolinensis* ; Brisson. Idem ;

La Perruche à tête jaune. Pl. 33.

LINN. Syst. nat. ed. X.

CETTE espèce, très-commune à la Guiane, voyageant beaucoup et se répandant jusque dans la Caroline et la Virginie, où elle arrive en automne par bandes innombrables, n'en est pas moins assez rare dans nos cabinets. J'en ai vu, il y a environ vingt ans, plus de trois cents individus, apportés ensemble à Paris par un voyageur qui avoit rassemblé dans l'Amérique septentrionale la collection la plus considérable : mais il faut croire que cette collection, composée d'au moins douze mille individus, dont quelquefois six cents d'une même espèce, a été entièrement détruite par les insectes rongeurs, car peu de curieux ont su en profiter. Ce qui prouve encore combien la Perruche à tête jaune est nombreuse dans les pays qu'elle habite, c'est que j'ai vu, dépouillées, adressées à un plumassier et destinées à des garnitures de robes, plus de six mille têtes de ces individus. Comment se fait-il donc qu'il ne s'en trouve presque plus aujourd'hui dans les collections particulières, et pas un seul au Muséum de Paris? Il est, au reste, peu d'ornithologistes qui n'aient parlé de cette Perruche, et elle est trop facile à reconnoître pour qu'on puisse s'y méprendre. Le front, le haut de la tête et le tour des yeux, sont d'un rouge orangé, qui, s'affoiblissant peu à peu, se change en un beau jaune de jonquille sur l'occiput et le haut du cou. La partie des bords des ailes qui touche au corps est aussi jaune, ainsi que la bordure des pennes alaires. La partie supérieure du corps, c'est-à-dire, le manteau, les ailes entières, le dos, le croupion et le dessus de la queue, est toute d'un vert plus ou moins jaunâtre, suivant l'âge de l'oiseau : le dessous du corps est encore plus mélangé de jaune. On remarque une teinte bleuâtre sur le bout des plumes des ailes : celles-ci ont tout le revers de leurs pennes brunâtre, leurs petites couvertures vertes, et leurs grandes couvertures brunes. Les yeux sont jaunes ; le bec est d'un blanc jaunâtre, et les pieds sont gris. Cette espèce étant, comme je l'ai déjà dit, très-connue par les nombreuses descriptions qu'on en a publiées, et la figure que nous en donnons la représentant dans toutes ses proportions, en même temps qu'elle en rend exactement les formes et les couleurs, nous croirions inutile d'entrer dans de plus longs détails à son sujet.

Dans le grand nombre d'individus que nous avons vus de la Perruche à tête jaune, nous n'avons pas remarqué qu'ils différassent les uns des autres autrement que par le vert du corps, qui, dans quelques-uns, se trouve seulement plus ou 'moins jaunâtre. Les mâles ne diffèreroient donc des femelles que par leur sexe? Je réponds n'avoir du moins jamais vu entr'eux d'autre différence que celle de la queue, plus courte chez les femelles que chez les mâles.

Suivant Catesby, ces Perruches se nourrissent de graines et de pepins de fruits, mais surtout de graines de cyprès et de pepins de pommes, ainsi que tous les Perroquets en général, qui préfèrent toujours les noyaux et les pepins de fruits aux fruits eux-mêmes. D'après ce même auteur, ces Perruches nicheraient aussi par fois à la Caroline ; ce qui peut paroître assez extraordinaire ; car , si , comme il l'assure , elles n'y arrivent qu'en automne , il est plus que probable qu'elles ont alors fini leur ponte. Disons donc que , si elles nichent par fois dans cette contrée , c'est qu'elles y reviennent au printemps , après l'avoir abandonnée l'hiver , pour aller passer cette saison dans des pays plus chauds , et qu'ainsi elles arrivent deux fois par an à la Caroline : au moins est-il très-probable qu'elles n'y passent pas l'hiver , les Perroquets en général craignant tous le froid.

LA PERRUCHE A FRONT JAUNE , OU L'APUTÉ-JUBA.

PLANCHE XXXIV , LE MÂLE.

    Taille moyenne ; queue à peu près de la longueur du corps ; face jaune ; poitrine d'un gris roussâtre ; grandes pennes alaires bleues; plumage vert , plus foncé sur le dos , plus clair .sous le corps ; bec et pieds gris.

La Perruche à frond jaune, mâle. Pl. 34.

Barraband p.t   De l'Imprimerie de Langlois

Laputé-Juba ; B<small>UFFON</small> , pl. enl. n.° 528 , sous la fausse
dénomination de Perruche illinoise. *Perruche facée de jaune* ;
E<small>DW</small>. Glan. pl. 234. *Psittaca illiniaca* ; B<small>RISSON</small> , Ornith. t. 4.
Psittacus pertinax ; L<small>INN</small>.

L<small>A</small> Perruche à front jaune , dont le mâle et la femelle se trouvent sur nos
planches , représentés de grandeur naturelle , offre plusieurs variétés. Nous
avons cru nécessaire de donner' les portraits de ses variétés les plus
intéressantes pour l'exacte connoissance de l'espèce. Les représentations et les
descriptions qu'on en a publiées jusqu'à ce jour , sont toutes plus ou moins
imparfaites. Elles ne présentent , la plupart , que des. individus variés par
Page , ou même par la domesticité ; or on sait que , dans ce dernier état , tous
les oiseaux en général , et plus particulièrement les Perroquets , se dénaturent
à tel point qu'ils en deviennent souvent méconnoissables. Aussi les
nomenclateurs n'ont-ils pas manqué de faire de toutes ces variétés autant
d'espèces distinctes ; et ce qui les rend en quelque sorte excusables , c'est
autant le. peut d'exactitude et de conformité qui règne dans les descriptions
d'un même oiseau par les différens auteurs qui en ont parlé , que les
mauvaises figures qu'ils en ont données. Ces descriptions et ces figures
s'accordent même souvent si mal dans les exemplaires d'un même ouvrage ,
qu'il nous a fallu , pour ainsi dire , deviner que la Perruche à front jaune
d'Amérique , dont il est question dans cet article , et qui certainement est de la
même espèce que la Perruche facée de jaune d'Edwards , étoit effectivement
l'Aputé-Juba de Buffon et de beaucoup d'autres auteurs. Nous croyons qu'il
en est ainsi , quoique la description de l'Aputé-Juba de Buffon ne se rapporte
pas entièrement à la nôtre , et que , de plus , elle ne soit pas conforme à la
figure qu'en a publiée ce naturaliste dans ses planches enluminées , n.° 528 ,
sous le nom de Perruche illinoise. La description de Buffon dit que le bas-
ventre est jaune , tandis que la figure présente l'oiseau avec tout le dessous du
corps jaune. Est-ce la faute des enlumineurs , ou bien , cette figure a-t-elle été
faite d'après un individu qui avoit effectivement tout le dessous du corps
jaune? C'est ce qu'il seroit sans doute difficile de décider. Cependant , si c'est
inadvertance de la part des coloristes , il faut convenir que le hasard a , cette
fois , servi fauteur , puisque la Perruche à face jaune offre réellement une
variété (variété qui n'est pourtant qu'un effet de la domesticité) dont tout le
dessous du corps est entièrement d'un beau jaune. Nous allons s , au reste ,
donner la description de l'espèce d'après des individus tués dans les bois et ,
par conséquent , dans leur état parfait: nous en ferons ensuite connoître les
variétés principales.

Le mâle a le front , les joues et la gorge , c'est-à-dire toute la face , d'un
beau jaune. Les plumes de la poitrine sont d'un gris roux-jaunâtre , nué d'une
légère teinte verdâtre , couleur très-difficile à exprimer par des mots , et pour
laquelle nous renvoyons le lecteur à la planche très-exacte que nous donnons
de l'oiseau. Le dessus de la tête est bleuâtre. Le cou , le dos , les scapulaires ,
le croupion , le dessus de la queue , toute la partie supérieure du corps , sont

d'un beau vert luisant , ainsi que les couvertures des ailes. Les grandes pennes de celles-ci sont toutes bleues , tandis que leurs moyennes ne le sont que sur leurs bords extérieurs. Les flancs , le ventre et les couvertures du dessous de la queue sont d'un vert clair , mêlé de jaune sur le ventre. Le revers des pennes alaires est d'un noir bruni , et celui de la queue , d'un jaune brun. Le bec et les pieds sont grisâtres , et les yeux d'un jaune foncé. On remarque bien autour des yeux un petit espace nu , mais qui n'est pas aussi fortement prononcé que dans les espèces que nous avons comprises parmi les Perruches Aras. Nous avons déjà eu occasion d'observer que toutes les Perruches , et même beaucoup de Perroquets , avoient les yeux circonscrits par un espace nu , plus ou moins grand , espace que les empailleurs d'oiseaux agrandissent souvent beaucoup , en bourrant outre mesure la cavité des yeux , après les avoir arrachés. Cette opération , lorsqu'elle se fait par le dehors , étend prodigieusement les paupières. Il est donc extrêmement utile de voir la nature vivante pour déterminer avec exactitude certains caractères , que dénaturent ou détruisent totalement les mains mal-adroites de la plupart des préparateurs d'oiseaux.

LA PERRUCHE A FRONT JAUNE , OU L'APUTÉ-JUBA.

PLANCHE XXXV , LA FEMELLE.

Comme chez tous les Perroquets , la femelle est ici plus petite que son mâle , et a surtout la queue plus courte que lui. Elle en diffère aussi un peu par ses couleurs , en ce qu'elle n'a de jaune décidé que sur le bord du front , et sur

Femelle de la Perruche à front jaune . Pl. 35.

Barraband pinx.t   *De l'Imprimerie de Langlois*

une partie des joues voisine des oreilles: les autres parties de la face , jaunes sur le mâle , sont roussâtres chez elle , ainsi que le devant du cou et la poitrine. Partout ailleurs les couleurs sont les mêmes dans les deux sexes , si ce n'est cependant encore qu'elles sont ici moins vives.

Dans le jeune âge , le mâle et la femelle se ressemblent totalement , et n'ont point de jaune sur la face: toute cette partie , ainsi que le devant du cou , la poitrine et les flancs , sont roussâtres , comme le cou et la poitrine de la femelle adulte ; et les pennes des ailes n'ont extérieurement que de légères bordures bleues. Nous avons cru inutile de donner la figure de l'oiseau dans cet état , le lecteur pouvant facilement s'en faire une idée exacte en jetant les yeux sur la planche qui représente la femelle ; car il suffiroit d'effacer le jaune pur qui s'y trouve , et d'y substituer la couleur du reste de la face , pour en avoir un portrait fidèle.

Cette espèce se trouve communément à Cayenne , à Surinam , et généralement dans toute la Guiane , même au Brésil. Il n'y a pas d'apparence qu'elle voyage , comme l'a cru Brisson , jusques chez les Illinois , puisqu'aucun voyageur n'assure l'y avoir trouvée. A Cayenne on la nomme Perruche-pou des bois , parce qu'elle niche dans les ruches de ces insectes ; c'est du moins ce que rapporte Buffon. Nous pensons que le nom de Perruche illinoise , que Brisson a donné à cette espèce , ne vient que de l'erreur qu'il a commise en la prenant pour la Perruche dite par les anciens se trouver dans ces contrées ; espèce qui n'est effectivement que celle de notre Perruche à tête jaune , et qui , se trouvant à la Caroline et à la Virginie , peut bien , dans ses voyages , passer par fois chez les Illinois ;

PREMIÈRE VARIÉTÉ DE LA PERRUCHE A FRONT JAUNE.

PLANCHE XXXVI.

J'ai vu , de cette espèce , plusieurs variétés qui , dans l'état de domesticité , se couvrent plus ou moins de jaune sur les différentes parties du corps. L'une de ces variétés , que j'ai trouvée vivante à Amsterdam chez M.

Première variété de la Perruche à front jaune. Pl. 36.

Barraband pinx.ᵗ   De l'Imprimerie de Langlois.

Ameshof, et qui avoit été apportée de Surinam , avoit tout le dessous du corps , à partir de la gorge jusques aux couvertures du dessous de la queue , inclusivement , d'un beau jaune de souci ; le front étoit aussi de cette couleur: mais , dans toutes ses autres parties , cette variété ne différoit en rien , quant aux couleurs , de l'état ordinaire , sinon que les plumes du derrière du cou étoient lisérées d'une bordure tirant sur le gris. Elle est représentée sur notre planche XXXVI : on verra qu'elle a quelques rapports avec l'individu représenté n.° 528 des planches enluminées de Buffon , sous la dénomination de Perruche illinoise.

SECONDE VARIÉTÉ DE LA PERRUCHE A FRONT JAUNE.

PLANCHE XXXVII.

CETTE autre variété de la même espèce que la précédente que nous avons aussi figurée n.° XXXVII de nos planches , a le front , le tour de la face , la gorge et le devant du cou , d'un brun roussâtre. Le dessus de sa tête est d'un bleu terne , qui se fond peu à peu dans le vert qui couvre la nuque , le derrière

Seconde variété de la Perruche à front jaune. Pl. 37.

Barraband pinx.   De l'Imprimerie de Langlois.

du cou , le dos , les scapulaires , le croupion et le dessus de la queue. Les couvertures des ailes sont de ce même vert ; mais les pointes de leurs grandes pennes , et les bords extérieurs seulement de leurs pennes moyennes , sont bleus. Le vert du devant du cou est mêlé d'une teinte roussâtre , très-foible , et tout le dessous du corps est d'un vert plus clair que celui du dos. Le bec et les pieds sont grisâtres.

On trouve figurée dans les planches enluminées de Buffon , n.° 858 , une petite Perruche , sous le nom de Perruche à front jaune de Cayenne: cette figure , toute mauvaise qu'elle est , nous paroît assez se rapprocher de cette seconde variété de la Perruche à face jaune , quoiqu'il n'en soit fait aucune mention chez ce naturaliste , qui pourtant assure , dans sa préface , que ces planches enluminées ont été faites pour son ouvrage. S'il en étoit ainsi , pourquoi y trouveroit-on des figures qui n'appartiennent à aucune de ses descriptions? Pourquoi , encore , la plupart des oiseaux y portent-ils sur les planches qui les représentent , des noms qui ne sont pas ceux sous lesquels ils sont décrits?

Le mâle et la femelle de la Perruche à front jaune , que j'ai figurés planches XXXIV et XXXV , ont été apportés de Cayenne. On voit au Muséum de Paris deux très-beaux individus de cette espèce. J'en ai vu aussi plusieurs dans d'autres cabinets. La variété n.° XXXVI est arrivée vivante de Surinam , pour la ménagerie de M. Ameshof : celle n.° XXXVII , que j'ai vue chez M. Bœrs à Asserswoude , provenoit du Brésil. Le jeune âge est très-commun dans les cabinets , comme cela a lieu pour la plupart des Perroquets en général , parce que les jeunes , moins méfians que les vieux , sont aussi d'une acquisition plus facile.

LA PERRUCHE SOURIS.

PLANCHE XXXVIII.

Taille moyenne ; corps épais ; queue de la longueur du corps ; front , gorge , devant du cou et poitrine d'un gris de perle , nuancé de bleu ; bec brun-rougeâtre ; pieds gris.

La Perruche Souris ; Buffon. pl. enlum. n.° 768 , sous la dénomination de Perruche à poitrine grise.

_Sa _Perruche souris. Pl. 38.

Nous laissons à cette Perruche le surnom de Souris que lui a donné Buffon, quoique la couleur grise de sa face, qui le lui a valu, ne soit effectivement point celle de la souris. Buffon, qui, le premier, l'a décrite et figurée, s'est encore mépris à l'égard de cette espèce, en la rapportant à la Perruche verte à capuchon gris, dont il est question dans un Voyage à l'Île de France, quoique la grosseur d'un moineau, que lui donne le voyageur, eût dû suffisamment l'avertir de ne pas commettre une erreur d'autant plus étonnante chez ce naturaliste, qu'il décrit lui-même la Perruche verte à capuchon gris, parmi ses Perruches. à queue courte, et sous la dénomination de Perruche à tête grise.

Comme nous représentons de grandeur naturelle sur nos planches la Perruche Souris, nous nous bornerons ici à parler de ses couleurs: le front, le tour de la face, la gorge, le devant du cou et toute la poitrine, sont d'un joli gris de perle, qui, dans ses reflets, prend un ton bleuâtre. Les plumes de toutes ces parties sont lisérées d'une ligne blanchâtre, et se détachent ainsi en écailles les unes sur les autres. Le dessus de la tête, le derrière et les côtés du cou, le manteau, le croupion, les couvertures du dessus de la queue, toutes celles des ailes, et tout ce qui reste visible sur ces dernières, lorsqu'elles sont ployées, sont d'un vert olivâtre, prenant, suivant les incidences de la lumière, des tons jaunes qui lui donnent de l'éclat. Les premières pennes alaires, toutes celles de la queue, sont, en dessus, d'un vert plus fonce' qu'ailleurs, et en dessous, d'un vert jaunâtre, glacé de gris. Le ventre, les plumes des jambes et toute la partie abdominale, sont d'un vert jaunâtre, ainsi que les couvertures du dessous de la queue. Les pieds sont gris, et les yeux d'un brun rouge. Le bec est d'un brun clair, tirant foiblement sur le rouge.

C'est au Cap de Bonne-Espérance que j'ai vu le seul individu que je connoisse de cette espèce. Il y fut apporté vivant par un capitaine négrier, qui l'avoit eu en échange sur les côtes d'Afrique. Cet oiseau étoit d'une docilité remarquable, parlant très-bien, et prononçant fort distinctement plusieurs mots françois et portugais, mais mieux encore les juremens et les imprécations qu'il avoit apprises de son maître.

LA PERRUCHE A DOUBLE COLLIER.

PLANCHE XXXIX

Taille moyenne ; corps svelte ; queue aussi longue que le corps , y compris la tête et le cou ; deux colliers contigus , l'un bleu , l'autre rouge , sur le haut du cou ; gorge noire ; plumage vert , plus foncé sur le dos et les ailes que sur le ventre ; mandibule supérieure rouge , inférieure d'un noir brun-rougeâtre ; pieds gris.

Perruche à double collier. Pl. 39.

Barraband pinx. De l'Imprimerie de Langlois.

La Perruche a' double collier ; Buffon , pl. enlum. n.° 215 , sous le nom de Perruche de l'île de Bourbon.

C'est encore par erreur que Buffon rapporte cette Perruche à celle décrite par Brisson , tom. IV , p. 528 , sous le nom de Perruche à collier de 'île de Bourbon , *Psittaca Borbonica torquata.* La description de ce dernier auteur porte simplement qu'au-dessus de l'occiput de l'oiseau est une étroite bande couleur de rose , qui s'étend de chaque côté du cou , devient plus large en approchant de la gorge , et forme une espèce de collier , au-dessus duquel le vert est mêlé d'un peu de bleu. Or ce vert mêlé d'un peu de bleu , on ne peut assurément pas le prendre pour un collier bleu fort distinct , au-dessus de celui couleur de rose ; et l'on voit clairement que Brisson a fait ici , à 'égard de cette Perruche , comme il l'a fait ailleurs a l'égard de tant d'autres , un double emploi , sa Perruche de l'île Bourbon étant bien certainement la même que sa Perruche à collier , *Psittaca torquata* , espèce que nous avons décrite et figurée sous notre n.° XXII , et qui n'est pas la Perruche à double collier de Buffon. Nous regardons , au reste , cette dernière comme une simple variété de la Perruche à collier rose , dont elle ne diffère que par son second collier bleu , qu'elle porte sur le derrière du cou , au-dessus du collier rose , et par son plumage un peu plus foncé que celui de l'espèce proprement dite: à cela près , tous les rapports extérieurs sont absolument les mêmes chez l'une et chez l'autre. Nous convenons cependant que la Perruche à double collier pourroit bien elle-même être une espèce particulière ; mais , en attendant que des naturalistes instruits nous aient donné des renseignemens positifs sur cet oiseau et sur les pays qu'il habite , nous croyons aussi qu'il est plus sage de ne le considérer que comme une variété de la Perruche à collier rose , avec laquelle nous lui trouvons plus de rapports qu'avec toute autre.

Gmelin , qui , ainsi que nous l'avons fait remarquer , a décrit la Perruche à collier rose comme variété de la grande Perruche à collier et à épaulettes rouges de notre n.° XXX , parle aussi de celle à double collier , qu'il ne considère encore , ainsi que beaucoup d'autres Perruches , que comme variété de la même espèce. Mais si la Perruche à double collier n'est , ainsi que nous pensons , qu'une variété de celle à collier rose , il est certain qu'elle n'en est pas une de la grande Perruche à collier , car ces deux dernières forment indubitablement deux espèces séparées et très-distinctes.

Quant à la description que Buffon donne de notre Perruche à double collier , il est facile de s'apercevoir qu'elle n'a été faite que d'après la mauvaise figure qu'il en a publiée dans ses planches enluminées , où il ne seroit pas possible de la reconnoître sans ses deux colliers.

Nous n'avons vu que deux individus de cette Perruche , l'un dans le beau cabinet de Mauduit à Paris , l'autre dans celui de M. Bœrs à Asserswoude ; et c'est d'après ce dernier individu que nous avons établi notre description , en comparant l'oiseau avec quelques autres individus de l'espèce dont nous le soupçonnons n'être qu'une variété ; doute dans lequel cette comparaison n'a fait que nous fortifier.

Buffon donne la Perruche à double collier pour être de l'île Bourbon ; mais ce n'est que parce qu'il ne la considère que comme étant elle-même la Perruche à collier de l'île de Bourbon de Brisson ,' qu'il la donne pour telle. Ainsi le pays , ou plutôt le canton , qu'elle habite particulièrement , n'est réellement pas connu ; nous n'avons du moins pu le' savoir des personnes mêmes chez qui nous l'avons vue , quoi-que nous ayons la certitude qu'elle appartient à l'ancien continent.

LA PERRUCHE A FRONT ROUGE.

PLANCHE XL.

Taille moyenne et dégagée ; queue un peu plus longue que le corps ; front d'un beau rouge de vermillon ; sommet de la tête et grandes pennes alaires d'un beau bleu ; plumage de la partie supérieure du corps d'un vert de pré , celui de la partie inférieure d'un vert jaunâtre ; bec cendré ; pieds couleur de chair ; yeux jaunes , entourés d'une peau nue , orangée.

La Perruche à front rouge. Pl. 40.

La Perruche à tête rouge et bleue ; Edw. tom. IV , pl. 176. *La Perruche à front rouge du Brésil* ; Briss. tom. IV , pag. 339. *La Perruche à front rouge* ; Buff. pl. enlum. n.° 767. *Psittacus canicularis* ; Gmelin.

La Perruche à front rouge , un peu moindre de taille que celle à collier rose , et que nous représentons de grandeur naturelle , est très-bien caractérisée par le bandeau qui l'a fait ainsi nommer , et qui , lui ceignant le front , vient aboutir de chaque côté à l'angle de l'œil: elle ne l'est pas moins encore par sa queue pointue et plus longue d'un tiers , à peu près , que le corps , pris du bec à l'anus. Le sommet de sa tête est d'un beau bleu d'outre-mer , qui prend une teinte verdâtre , de plus en plus sensible , à mesure qu'il avance Vers la nuque , pour s'y changer enfin en un riche vert de pré , couleur qui est absolument celle du cou , du dos , des scapulaires , du croupion , et du dessus , ainsi que des couvertures supérieures de la queue. Tout ce qui reste visible des grandes pennes des ailes , celles-ci ployées , est bleu ; leurs moyennes et petites pennes , ainsi que généralement toutes les couvertures du dessus , sont du même vert que le dos. La gorge , la poitrine , les flancs , le Ventre , les couvertures du dessous de la queue et des ailes , sont d'un vert clair , nuancé de jaune. Le revers des pennes des ailes et de la queue est d'un vert brunâtre glacé , et légèrement nuancé de jaune sur les bords des barbes. Le bec , d'un gris blanchâtre sur sa partie supérieure , est , en dessous , d'un gris brun. Les pieds , qu'entoure un très-petit espace nu et jaunâtre , sont d'un jaune orangé , et les pieds sont couleur de chair. J'ai vu à Lisbonne , chez un marchand d'oiseaux qui m'en vendit un six piastres , six individus vivans de la Perruche à front rouge: ils y avoient été apportés du Brésil , seule partie de l'Amérique que cette espèce paroisse habiter. Il est , du moins , à peu près certain , qu'elle ne se trouve pas à la Guiane ; car dans les nombreux envois d'oiseaux faits , de cette contrée , on n'en a pas vu jusqu'ici un seul individu. Elle est si rare dans les cabinets en Europe , qu'on ne la trouveroit , je crois , dans aucun autre que dans celui de M. Bœrs , à Asserswoude. L'individu que j'en ai eu vivant , étant mort dans sa mue , je reconnus par la dissection qu'il étoit mâle. J'ignore si les femelles diffèrent des mâles dans cette espèce : il paroîtroit que non , d'après les six individus que j'ai vus à Lisbonne , absolument semblables , et parmi lesquels «il est très-présumable qu'il devoit se trouver quelque femelle.

LA PERRUCHE COURONNÉE D'OR.

PLANCHE XLI.

Taille moyenne ; corps élancé ; queue de la longueur du corps ; dessus de la tête d'un jaune d'orange vif ; plumage du dessus du corps vert foncé , clair et tirant au jaune en dessous ; plumes de la gorge et du haut du cou marquées de rouge ; yeux entourés d'une peau nue , couleur de chair ; mandibules noirâtres ; pieds d'un rouge pâle.

La Perruche couronnée d'or. Pl. 41.

Perruche couronnée d'or ; Edw. Glan. pl. 235. *La Perruche du Brésil* ; Briss. t. IV , n.° 61. *La Perruche couronnée d'or* ; Buff. Idem , Gmelin , *Psitlacus aureus* , n.° 56.

Edwards est le premier ornithologiste qui ait fait connoître la Perruche dont il est ici question , et que nous surnommons avec lui couronnée for , quoique la tache du dessus de sa tête , qui lui a fait donner ce nom , ne présente point la forme d'une couronne , ni même la couleur de l'or , car elle est d'un orangé , foncé ou fleur de souci. L'individu qu'avoit vu ce naturaliste étoit une femelle , puisqu'il a pondu plusieurs œufs en Angleterre pendant le cours de quatorze ans qu'il y a vécu. Quant à celui que nous faisons servir à cette description , nous pensons qu'il est mâle , attendu que la tache jaune qu'il porte sur sa tête , est plus étendue et plus foncée en couleur que ne l'indique la figure publiée par Edwards. Il est aussi plus grand de taille , et ses couleurs , en général , nous ont paru plus vives: mais , à ce dernier égard , la différence pourroit bien n'être que l'effet de quelque altération que l'état de domesticité auroit fait éprouver à l'individu femelle dont nous avons parlé plus haut ; car les oiseaux perdent beaucoup dans cet état , notamment les Perroquets. Celui-ci a tout le dessus de la tête couvert dîme plaque jaune de souci. Le derrière et les côtés de la tête , la partie supérieure du corps , ou le cou , le dos , les scapulaires et le croupion , sont , ainsi que les couvertures du dessus de la queue , d'un vert foncé très-brillant. Les plumes de la gorge et du haut du cou sont d'un rouge foible dans leur milieu , et d'un vert jaunâtre sur leurs bords ; ce qui produit un effet des plus agréables , semblable à celui des plumes de la poitrine chez la Perruche Ara à gorge variée , qu'on trouve figurée n.° XVI de nos planches. La poitrine , les flancs , le ventre , les plumes des jambes , tout le dessous du corps , les couvertures du dessous de la queue , même celles du revers des ailes , sont d'un vert clair , imprégné d'une légère teinte jaune. Les ailes ont leur dessus du même vert que le dos ; mais elles y portent sur leur milieu et dans toute leur longueur une bande bleue , qui se trouve formée par les bordures de plusieurs des grandes plumes de recouvrement , par les barbes extérieures de quelques-unes des moyennes pennes alaires , et enfin par les pointes des plus grandes de ces pennes. La queue , fort pointue , est en dessus du vert foncé de la partie supérieure du corps: son revers est , ainsi que celui des ailes , d'un jaune sombre ou rembruni. Le bec et les ongles sont noirâtres ; les tarses et les doigts , couleur de chair. Edwards , qui a vu l'oiseau vivant , dit qu'il a les yeux orangé-vif , et que le petit cercle de peau nue qui les entoure , est couleur de chair bleuâtre.

Cette espèce se trouve au Brésil. Buffon la place aussi à Cayenne , pays que je ne pense pas qu'elle habite ; du moins n'ai-je jamais vu un seul de ses individus dans aucun des nombreux envois d'oiseaux faits de la Guiane , et je ne la sais dans aucun cabinet en France. L'individu que je viens de décrire , le seul que je connoisse , fait partie du beau cabinet de M. Hollhuysen à Amsterdam.

LA PERRUCHE SINCIALO.

PLANCHE XLII , LE MÂLE.

Taille moyenne ; corps svelte ; queue beaucoup plus longue que le corps ; d'un beau vert de pré sur le corps ; d'un vert jaunâtre en dessous ; pointes des plumes de la queue bleues ; bec et pieds couleur de chair , ainsi que les paupières , dans les individus adultes , mais noirâtres dans les jeunes.

Small green long tailed Parrokeet ; EDWARDS. *La Perruche* ;
BRISSON , n.° 54. *Psîttacus rufi-rostris* ; LINN. éd. XII , pag. 134.

La Perruche Sincialo. Pl. 42.

Barraband pinx.t   De l'Imprimerie de Langlois.

Le Sincialo , première espèce à queue longue et inégale ; Buffon ,
pl. enlum. n.° 550 , sous le nom de Perruche.

Quoique tous les naturalistes aient décrit cette espèce , qu'on trouve très-
communément à Saint-Domingue , ainsi que dans une grande partie de
l'Amérique , elle est cependant encore fort rare dans nos cabinets en Europe.
La meilleure , et même la seule figure reconnoissable qui en ait été publiée ,
est sans contredit celle qu'en a donnée Edwards , n.° 175 de son Histoire des
oiseaux. Brisson l'a très-bien décrite aussi , d'après un individu du cabinet de
Réaumur. La description de Buffon n'est qu'une copie à grands traits de celles
de Brisson et d'Edwards ; et la figure qu'il a publiée n'est aussi qu'une copie ,
même mauvaise , de celle qu'avoit déjà donnée le naturaliste anglois.

Nous conservons à cette Perruche le surnom de Sincialo que Buffon lui a
donné , parce qu'on la nomme ainsi à Saint-Domingue , où , comme je l'ai
déjà dit , l'espèce est très-nombreuse. Elle est , à peu près , de la taille de notre
merle , mais encore plus svelte que lui , et elle a la queue près du double plus
longue que tout le corps , pris de la tête à l'anus ; ce qui lui donne un air leste
qui prête de la grâce à tous ses mouvemens. Si l'on ajoute que cet oiseau est
docile , fort caressant , et qu'il apprend bien à parler , on concevra facilement
que les oiseleurs doivent en faire beaucoup de cas , quoique son plumage ne
soit pas des plus variés ni des plus beaux. Les parties supérieures du-corps ,
en général , c'est-à-dire , la tête , le cou , le dos , les scapulaires , le croupion ,
les ailes et les couvertures supérieures de la queue , sont d'un beau vert de
pré. La poitrine , les flancs et le ventre , tirent au jaune ; les plumes du bas-
ventre , celles des jambes , et les couvertures du dessous de la queue , sont
tout-à-fait jaunâtres. La queue est , sur son milieu en dessus , du même vert
que le dos , jaunissant un peu cependant sur ses bords latéraux: toutes ses
pennes , très-pointues , sont bleues à leur pointe , et leur revers est jaunâtre.
Les ailes ont le revers de leurs pennes d'un gris glacé , et la partie intérieure
de leurs barbes jaunâtre. Les grandes couvertures du dessous des ailes sont
cendrées , et les petites jaunes. Le bec est rougeâtre , si on en excepte la
mandibule inférieure , qui tire au noir-brun. Le tour des yeux est nu et couleur
de chair tendre , ainsi que la peau nue de la base de la mandibule supérieure ,
où l'on aperçoit les narines , qui sont rondes. Les yeux sont d'un jaune
orangé , et les pieds d'un rouge pâle.

Telle est la Perruche Sincialo mâle dans son état parfait: sa femelle lui
ressemble en tous points , si ce n'est qu'elle a la queue plus courte et le bec
moins rougeâtre que lui. Dans le jeune âge , la queue est entièrement verte et
sans pointes bleues. Le plumage de la partie supérieure du corps y est d'un
vert grisâtre , et le dessous généralement plus jaune que dans l'âge fait. Le bec
et les pieds sont bruns. Nous avons pensé qu'il étoit inutile de donner des
figures de la femelle et du jeune âge , ce que nous en avons dit devant suffire
pour qu'on puisse toujours les reconnoître.

Dans l'état de domesticité , cette Perruche varie au point que quelquefois
toute la poitrine et le ventre deviennent décidément jaunes. J'en ai même vu

une dont quelques pennes des ailes étoient entièrement d'un jaune citron , ainsi que la plupart de leurs couvertures supérieures ; mais ceci arrive à toutes les Perruches vertes qui ont dans leur plumage quelques parties jaunes.

J'ai vu beaucoup d'individus vivans de l'espèce de la Perruche Sincialo ; j'en ai aussi disséqué plusieurs qui avoient vécu dans l'état de domesticité , état où il est difficile d'en trouver deux qui se ressemblent parfaitement pour les teintes du plumage et la longueur de la queue ; car les altérations qu'y subissent en général tous les oiseaux , sont encore plus sensibles. et plus variées dans les Perroquets. On doit donc toujours préférer les descriptions faites d'après des oiseaux pris dans leur état de nature , c'est-à-dire , tués dans les bois. Je n'ai vu que trois individus du Sincialo qui fussent dans ce cas , l'un dans le cabinet de l'abbé Aubry , à Paris ; l'autre chez Mauduit ; le troisième est dans mon cabinet , et m'a été donné par M. Foulquier , intendant de la Guadeloupe , qui a eu la bonté de me donner beaucoup d'oiseaux qu'il avoit apportés d'Amérique : je lui en témoigne ici toute ma reconnoissance.

Suivant Dutertre , qui paroît l'avoir observée dans son pays natal , cette Perruche vole en troupe , et se perche sur les arbres les plus touffus , où elle fait' grand bruit en criaillant , piaillant et jabotant , comme font , au reste , tous les Perroquets , de quelque espèce qu'ils soient. Selon le même auteur , elle se nourrit de graines de bois d'Inde , ce qui l'engraisse beaucoup , et la rend bonne à manger.

Buffon rapporte à l'espèce du Sincialo la *Perrique de la Guadeloupe* , dont Labat fait mention dans son Voyage aux îles d'Amérique. Nous ne sommes absolument point de cet avis ; car le Sincialo n'ayant aucune partie de son plumage qui soit rouge dans son état naturel , il ne peut jamais prendre sur la tête des plumes rouges. Cette Perrique est donc une toute autre espèce que celle du Sincialo , toutes les descriptions qu'on a données de la première , d'après Labat , ne se rapportant à celle-ci ni pour la taille ni pour les couleurs. Nous remarquerons , enfin , que les descriptions qu'on a données de cette Perruche de la Guadeloupe ne se ressemblent même point. Il faut donc éliminer encore cet oiseau de la liste des Perroquets , ainsi qu'on pourroit le faire de tant d'autres , aussi peu connus que lui , et que les descriptions qu'on en a publiées rendent pour toujours méconnoissables.

LA PERRUCHE SOUFRE.

Taille moyenne et svelte ; queue plus longue que le corps ; plumage d'un jaune soufre , plus foncé sur le corps qu'en dessous ; bec et , pieds jaunes , ongles brunâtres.

PLANCHE XLIII.

Nous ignorons si cette Perruche n'est qu'une variété d'une espèce

La Perruche souffre. Pl. 43.

Barraband pinx *De l'Imprimerie de Langlois.*

connue , ou si elle forme une espèce à part. En général , les Perroquets verts ou rouges sont sujets à devenir jaunes , et il pourroit bien se faire que celui-ci fût dans ce cas.

C'est ici le lieu de faire une observation , à l'égard des Perroquets , qui se lie à celle que nous avons déjà faite sur la manière dont ces oiseaux se tapirent pour cause de maladie. Tous les oiseaux , en général , sont sujets à devenir blancs , comme on le sait par les nombreux exemples que nous en avons journellement sous les yeux. En effet , nous trouvons très-souvent de ces sortes de variations dans un grand nombre d'espèces , dont les couleurs naturelles sont même tout opposées ; tels on a vu des corbeaux , des pies , des geais , des merles , des grives , des perdrix , des moineaux , des alouettes , des bécasses , des bécassines , des hirondelles , des martinets , des engoulevents , etc. etc. ; dans beaucoup , enfin , on voit des individus qui sont entièrement blancs. On s'est toujours imaginé que c'étoit la vieillesse qui produisoit ces variations ; mais il est certain que ce sont toujours , au contraire , de jeunes oiseaux qui se trouvent être ainsi nés blancs , et ces oiseaux , à la première mue , revêtent , ou totalement ou en partie , les couleurs propres de leurs espèces. Ceci est une observation de fait , vérifiée sur plus de cinq cents oiseaux , nés tout blancs , ou seulement variés plus ou moins de plumes blanches : nous avons même prouvé que ces variations en blanc n'avoient pas seulement lieu dans les pays froids ou tempérés , comme on l'a cru jusqu'ici , puisque nous avons apporté du sud de l'Afrique , et que nous avons reçu de Cayenne , beaucoup d'oiseaux qui étoient dans ce cas. Il paroît donc certain que , dans toutes les espèces et dans tous les climats , ces variations en blanc ont assez généralement lieu.

Mais ce qu'il y a de bien singulier avons-nous dit , c'est qu'on n'a pas encore d'exemple d'un Perroquet devenu blanc ou tacheté de blanc (bien entendu que nous ne parlons pas des Cacatoès , qui , par leur nature , ont le plumage blanc). Cependant on en voit très souvent qui ont non-seulement beaucoup de plumes jaunes , mais même qui deviennent entièrement de cette dernière couleur , quoi ; qu'ils en aient , de leur nature , une bien différente. Nous donnerons , au reste , plusieurs individus d'espèces différentes de Perroquets qui ont subi cette variation , et dont l'espèce sera facile à connoître.

Il paroît évident que la couleur jaune est pour les Perroquets ce qu'est la couleur blanche pour tous les autres oiseaux en général. En effet , nous voyons que , dans la nature entière , le jaune forme la base du vert , couleur dominante des Perroquets. Il n'est pas de feuilles d'arbres qui , en se fanant et en se desséchant , ne deviennent jaunes , et ce jaune est aussi différent dans chacune d'elles que l'étoit le vert dans leur état primitif. Le jaune est aussi la base du rouge.[4] Je sens bien tout ce qu'on pourroit m'objecter sur cette loi de

---

4   Nos teinturiers n'acquerroient-ils pas des notions utiles au perfectionnement de leur art , s'ils consultoient dans la nature la détérioration des couleurs ; et cela ne leur donneroit-il pas des résultats certains , où ils puiseroient la base sur laquelle ils doivent établir leurs couleurs? L'étude des plumes , si richement et si diversement colorées , des oiseaux , jetteroit , je crois , les plus grandes lumières

la nature ; mais comme il s'agit bien moins ici de raisons et de causes que d'effets , nous nous bornerons à cette grande vérité de fait , c'est qu'on a vu , et qu'on trouve chaque jour et parmi toutes les espèces d'oiseaux , des individus plus ou moins variés en blanc , et que jamais on n'a vu cela dans les Perroquets ; ceux-ci deviennent jaunes , et j'en conclus que cette variation en jaune est pour ceux qu'est celle en blanc pour les autres oiseaux , et qu'il est probable que la cause est la même pour tous , c'est-à-dire que , dans le même cas , les uns se couvrent de plumes blanches , et les autres , de plumes jaunes. Or la Perruche dont il est question dans cet article est entièrement jaune , et comme je lui trouve beaucoup de rapport avec notre Perruche à collier couleur de rose , je soupçonne qu'elle n'en est qu'une variété. Cependant , comme il est des Perroquets qui , avec des formes et des caractères semblables , n'en forment pas moins des espèces distinctes , et que nous n'avons vu qu'un seul individu de l'espèce dont il est ici question , nous ne prononcerons pas définitivement. Nous serons même d'autant plus réservés que nous n'avons pu savoir si cet individu avoit vécu dans l'état de domesticité , ni de quel pays il avoit été apporté. Il nous suffira de soumettre cette Perruche à l'observation de ceux qui se trouveront à même de savoir si elle n'est qu'une variété , ou s'il existe quelque part une espèce qui lui soit toujours semblable.

Nous avons figuré notre Perruche soufre de grandeur naturelle. Son plumage est , en général , d'un jaune soufre , plus foncé sur le dos que sous le corps ; le bec et les pieds sont d'un jaune fané. J'ai vu l'individu que je viens de faire servir à cet article dans le même cabinet de Leyde en Hollande où j'ai vu la variété que j'ai publiée de la Perruche omnicolore. Le nom du propriétaire de ce cabinet ne m'est pas présent. M. Hoenkoop , libraire de Leyde , qui en avoit la clef , eut la bonté de m'y introduire plusieurs fois , et de me mettre ainsi à portée d'y prendre les descriptions des oiseaux rares qui s'y trouvoient en grand nombre.

---

sur cette matière: on y voit briller l'éclat des pierres précieuses et des riches métaux , l'or lui-même , et cependant il n'y a rien de tout cela ; c'est donc la distribution seule des couleurs qui produit ces effets merveilleux.

LA PERRUCHE ÉCARLATE.

PLANCHE XLIV.

Moyenne taille ; corps ramassé ; queue à peu près de la longueur du corps ; couleur rouge écarlate sur le dos , plus jaunâtre vers la poitrine ; les trois dernières

La Perruche écarlate. Pl. 44.

Barraband pinx.ᵗ   De l'Imprimerie de Langlois.

pennes des ailes , les plus proches du dos , bleues ; épaules , extrémité des grandes couvertures alaires , bout des pennes des ailes et de la queue , d'un beau vert ; bec fort et d'un rouge jaunâtre ; pieds et ongles d'un noir brun ; tour des yeux et bord des narines nus et brunâtres.

Long tailed scarlet Lory ; EDW. tom. IV , pl. 173. La Perruche rouge de Bornéo ; BRISS. n.° 77. Le Lori Perruche rouge ; BUFF. Psittacus Borneus ; LINN. Syst. nat. ed. X.

LES naturalistes ont cru devoir former une division des Perroquets dont la couleur dominante est rouge , et qu'ils ont nommés Loris , nom que plusieurs espèces de ces Perroquets portent , en effet , dans quelques parties de l'Inde , de sorte qu'aujourd'hui tous les Perroquets ou Perruches , sur lesquels le rouge domine , se trouveroient compris dans cette division. Mais on doit sentir l'inconvénient d'une méthode qui , comme celle-ci , seroit principalement où même uniquement , basée sur les couleurs ; car celles-ci sont très-sujettes à varier , plus encore chez les Perroquets que chez tous les autres oiseaux ; et il résulteroit , dans ce cas-ci , de la manière de procéder des naturalistes classificateurs , que souvent un Perroquet rouge , qui seroit devenu jaune (ce qui arrive souvent) , n'appartiendroit plus à la section des Loris , tandis que tel autre , d'espèce très-différente de ceux-ci , devroit y être compris , si , dans ses variations , il venoit à prendre seulement beaucoup de plumes rouges , ce qui ; peut aussi très-bien lui arriver , pourvu qu'il ait naturellement rouge quelque partie de son plumage: nous avons même donné quelques exemples de ces différentes variations ; et nous ferons encore connoître quelques-uns de ces Perroquets rouges , ou Loris , qui se sont variés au point d'être devenus entièrement jaunes ou bleus , suivant la nature des couleurs propres à chacun d'eux. On conçoit donc que nous n'avons point adopté la division des naturalistes à l'égard des Loris , division aussi inconvenante et ridicule que celle qu'on a faite des Perroquets Amazones. Mais ce qu'il y a de plus remarquable d.ans ces sortes de divisions fondées sur les couleurs , c'est que ce soit Buffon qui en ait conçu l'idée , lui qui croyoit (à ce que prouvent du moins les rapprochemens qu'il a si souvent jugé à propos de faire) que la différence seule du climat et des alimens produisoit les variations les plus étonnantes , au point même de changer totalement les couleurs et jusqu'aux formes d'un oiseau. Quant à nous , comme nous trouvons chez les Perroquets rouges les mêmes caractères fondamentaux que chez les autres Perroquets en général de. tous les climats , et qu'ils diffèrent entr'eau comme tous les autres Perroquets ou Perruches diffèrent les uns des autres , c'est-à-dire que , comme on trouve parmi eux des espèces à queue courte et arrondie , tandis que d'autres l'ont étagée en forme de fer de lance ; que quelques-unes ont les deux pennes intermédiaires très-allongées , formant le caractère que nous avons désigné par les mots de queue en flèche , et qu'il en est , enfin , dont la queue est très-large ; nous placerons les espèces à plumage rouge dans les mêmes divisions que les autres Perroquets ou Perruches chez lesquels on retrouve les divers caractères que nous venons d'indiquer. Buffon observe qu'outre la différence principale d'avoir le rouge pour couleur dominante, les Loris ont, en général, le bec plus petit, moins courbé et plus aigu que les autres Perroquets: mais ceci ne doit, comme on le verra, s'entendre que de quelques espèces particulières, et non indistinctement. de tous les Perroquets à plumage rouge. Quant à leur regard vif, à leur cri perçant et à leurs mouvemens prompts, ils n.' ont, à ces égards, rien de particulier qu'on ne retrouve dans beaucoup d'autres Perroquets, quelles que soient leurs couleurs. Voudroit-on ," enfin, séparer les Loris des autres Perroquets, parce que Edwards assure qu'ils sont les plus agiles de tous, et les seuls qui sautent sur un bâton jusqu'à un pied de hauteur? Mais, cette observation, le naturaliste anglois est sans doute lui-même loin de l'appliquer à tous les Loris ; et s'y appliquât-elle, on ne pourroit encore la prendre pour base dans la classification des oiseaux: nous ne saurions du moins le faire, nous pour qui il s'agit bien moins, dans cet ouvrage, d'arrangemens systématiques, que de faire connoître les différentes espèces d'oiseaux d'une manière plus précise ou, au moins, plus exacte qu'on ne l'a fait jusqu'ici.

La Perruche écarlate, que nous représentons de grandeur naturelle sur nos planches (ce qui nous dispense d'en donner les dimensions), a le dessus de la tête, le derrière du cou, le manteau, le dos, les couvertures supérieures de la queue, et le dessous du corps, d'un beau rouge écarlate, qui, sur le devant du cou, sur la poitrine et autour des yeux, prend une teinte jaunâtre et formant quelquefois bordure sur chaque plume de la poitrine. Les couvertures du dessus des ailes, vers le poignet, sont vertes ; les moyennes et les grandes sont du rouge du dos, ces dernières ayant de plus leurs pointes vertes. Toutes les pennes des ailes, si on en excepte les dernières ou celles voisines des scapulaires, et qui sont bleues, sont d'un rouge vif et à pointes vertes. Les couvertures du dessous de la queue sont d'un rouge cramoisi, et toutes bordées de bleu. Celles du dessous des ailes sont d'un rouge pâle et à bordures brunâtres. La plume la plus latérale de chaque côté de la queue est entièrement verte sur son bord extérieur ; les autres n'ont toutes du vert qu'à leurs pointes, et sont ailleurs, en dessus, d'un rouge cramoisi, et en dessous, d'un rouge terni de brun. Il est à remarquer que le vert du bout des plumes des ailes, et celui de la queue, ne se montrent point sur leur revers. Les yeux et la base de la mandibule supérieure sont entourés d'une peau nue, de couleur brune. Le bec est rougeâtre. Les pieds et les ongles sont d'un noir brun.

L'espèce de la Perruche écarlate se trouve communément à Bornéo: j'ai vu plusieurs de ses individus vivans dans la ménagerie du Cap de Bonne-Espérance ; j'en ai vu d'autres encore dans plusieurs cabinets en Europe, tels que ceux de Mauduit et de l'abbé Aubry à Paris, et ceux de MM. Bœrs et Holthuysen en Hollande.

LA PERRUCHE A COLLIER NOIR.

PLANCHE XLV.

Taille moyenne ; corps ramassé ; queue aussi longue que le corps ; tête couleur de rose vers la face , violâtre par derrière ; collier et gorge noirs ; tache cramoisie le long du poignet des ailes ; queue bleue ; dessus du corps vert de pré , dessous vert jaunâtre ; bec fort et très-arqué ; mandibule supérieure jaune , inférieure noire ; pieds et ongles gris.

La Perruche à collier noir. Pl. 45.

Barraband pinx. De l'Imprimerie de Langlois.

La Perruche à collier , à tête couleur de rose ; Edw. Glan. pl.
233.

Cette charmante Perruche a été parfaitement bien décrite et figurée par
Edwards , qui l'avoit vue dans un cabinet de Londres ; mais Buffon s'est
Certainement trompé encore à l'égard de cette espèce , en la rapportant à celle
qu'il décrit sous le nom de petite Perruche à tête couleur de rose , à longs
brins , figurée n.° 888 de ses planches enluminées , sous la dénomination de
Perruche de Mahé. Je connois parfaitement l'un et l'autre de ces deux
oiseaux , et il ne me reste aucun doute qu'ils ne forment deux espèces bien
distinctes ; car , outre beaucoup d'autres traits de différence , l'un 'a la queue
très-élancée par le prolongement de ses deux pennes intermédiaires , tandis
que l'autre , celle d'Edwards , l'a en fer de lance. La description très-détaillée
de ce dernier naturaliste diffère sous beaucoup d'autres rapports encore de
celle de Buffon: il suffit de les comparer pour s'en convaincre. La Perruche de
Buffon a douze pouces de longueur totale , tandis que le corps n'en a que
quatre : la queue est donc , chez elle , du double plus longue que le corps , ce
qui est exact. Or celle d'Edwards n'a pas la queue plus longue que le corps ,
ce qui est encore exact. De plus , la première n'a que les deux très-longues
pennes intermédiaires de la queue qui soient bleues (toutes les latérales étant
d'un vert olivâtre) , tandis que les plumes de celle de la seconde le sont toutes.
Au reste , nous donnons ici la figure de l'une , et nous donnerons celle de
l'autre aux articles *Perruches à longs brins* ou à queue en flèche , ainsi que
nous les avons désignées ; ce qui mettra le lecteur à portée de juger lui-même
des différences par la comparaison , et de prononcer sur l'identité ou la
diversité d'espèce ; question qui n'en est plus une pour nous , qui ne
balancerons pas à décrire séparément les deux oiseaux.

Le dessus de la tête et la face de la Perruche à collier noir sont d'un joli
rose , qui , vers le front , prend une teinte plus foncée. Cette teinte se charge
par derrière d'une nuance bleue , laquelle donne à cette partie un beau ton
lilas tendre , qui varie en plus ou moins foncé , suivant les incidences de la
lumière. Une plaque noire couvre toute la gorge , et se partage au bas en un
cordon qui , se prolongeant de chaque côté , entoure le cou et forme un collier
qui sépare le bleu de la nuque du vert du derrière du cou. Le dos , les
scapulaires , le croupion et le dessus de toutes les pennes des ailes , sont d'un
beau vert plein. Les couvertures qui longent le milieu du poignet des ailes ,
sont en grande partie d'un rouge cramoisi ; les autres sont du vert du dos. Les
plumes qui recouvrent le dessus de la queue sont d'un vert nuancé de bleu. Le
devant du cou , la poitrine , les flancs , le ventre , les jambes et toute la partie
abdominale , ainsi que les couvertures du dessous de la queue , sont d'un vert
jaunâtre très-brillant , couleur qu'ion remarque dans les bordures extérieures
de quelques-unes des grandes couvertures et sur les bords de leurs premières
pennes. La queue , dont toutes les plumes sont très-pointues , et qui est étagée
régulièrement en forme de fer de lance , est , en dessus , d'un bleu tendre de
turquoise , et en dessous , d'un vert jaunâtre , qui est aussi la couleur du

revers des ailes. La forte mandibule supérieure , enfin , est d'un jaune d'ocre , et l'inférieure , noire : les pieds et les ongles sont grisâtres , et les yeux , jaunes.

J'ai vu , dans la ménagerie de M. Ameshof , à Amsterdam , deux individus de cette espèce: l'un d'eux avoit beaucoup moins de plumes rouges aux ailes que l'autre. M. Ameshof , qui les a eus tous deux fort jeunes , me dit que , quand il les reçut , l'un n'avoit aucune de ces plumes rouges , et que l'autre en avoit très-peu. Cette différence proviendroit-elle des sexes? C'est ce que je ne pourrois dire. J'ai cependant toujours été porté à croire que les deux individus étoient mâles: j'en jugeai ainsi , d'abord , par leur extérieur , et ensuite , parce qu'ils se battoient si souvent qu'on fut obligé de les séparer. Je pense qu'un mâle et une femelle se seroient mieux accordés ; mais un mauvais plaisant , qui m'entendit faire cette réflexion , prétendit , au contraire , que ces querelles domestiques étoient une preuve convaincante qu'ils étoient mari et femme , et par conséquent mâle et femelle.

LA PERRUCHE A GORGE ROUGE.

PLANCHE XLVI.

Petite taille ; corps svelte et dégagé ; queue un peu plus longue que le corps ; gorge rouge-foncé ; couvertures supérieures rouges aussi , mais d'un rouge beaucoup moins foncé ; tout le reste du plumage du dessus du corps d'un gros vert , celui du dessous presque jaunâtre: bec et pieds couleur de chair.

La petite Perruche à l'aile rouge ; EDWARDS , Glan. pl. 236. *La Perruche à gorge rouge* ; 5.ᵉ espèce à queue longue et inégale ;

La Perruche à gorge rouge. Pl. 46.

Barraband pinx.   De l'Imprimerie de Langlois.

BUFF. *La Perruche des Indes* , BRISS. tom. IV , n.° 63.

EDWARDS est le premier , on peut même dire le seul encore , qui ait fait connoître cette jolie petite espèce de Perruche , d'après deux individus qu'il en avoit vus. Les descriptions "qu'on en a données depuis lui , ne sont toutes que des copies de la sienne. Mais cela n'empêche pas Brisson de donner de cet oiseau une mesure très-détaillée , qu'il a sans doute prise sur la figure qu'en avoit publiée Edwards ; ce qui prouve combien on doit peu compter sur l'exactitude de ces dimensions , calculées sur un dessin où le corps de l'oiseau est vu de face , et par conséquent en raccourci. Brisson assigne à la Perruche à gorge rouge huit pouces trois lignes de longueur , y compris la queue , et le bec , auquel il donne six lignes d'épaisseur , quoique mesuré sur un profil , et au corps , la grosseur de celui de l'alouette huppée , tandis que Buffon , qui ne l'a pas Vue non plus , dit que cet oiseau n'est en effet pas plus gros qu'une mésange. La vérité est qu'il est plus fort que notre plus grosse mésange , et même que l'alouette huppée , ainsi que l'indique très-bien , au reste , la figure qu'en a publiée Edwards. Voilà justement de ces erreurs et de ces contradictions dont je ne cesse de me plaindre , et qui jetteront toujours de la confusion dans l'histoire des oiseaux. Et pourquoi , lorsqu'on ne parle d'un oiseau que d'après autrui , se permettre de rien changer à la description de celui qui l'a vu? Et pourquoi avoir fait de celui dont il est ici question , une Perruche à queue inégale (sorte de queue que nous nommons , nous , queue en flèche) , tandis qu'elle a la queue également étagée , ce qu'indique encore au plus juste la figure qu'en a donnée le naturaliste anglais?

Lorsqu'Edwards en publia la description , la Perruche à gorge rouge étoit sans doute la plus petite de celles à longue queue qu'il eût vues , comme il le dit lui-même ; mais nous en ferons connaître de plus petites encore ; nous en avons même déjà figuré deux , de même taille à peu près , et qui sont représentées , ainsi que celle-ci , de grandeur naturelle , ce qui nous dispense d'en donner les dimensions.

La petite plaque rouge qui couvre la gorge de cet oiseau le caractérisant au mieux , nous lui avons conservé le nom de Perruche à gorge rouge que Buffon lui a donné , d'autant mieux que celui de Perruche à l'aile rouge , par lequel l'auteur anglois le désigne , ne le particularise pas assez , d'autres Perruches ayant également du rouge aux ailes , tandis qu'il n'en est point (de connues du moins) qui lui ressemblent par la forme de la tache rouge de la gorge , qui ne couvre absolument que le dessous du bec. La tête , le cou , le manteau , le croupion , les couvertures du dessus de la queue , le dessus de la queue elle-même , sont d'un vert foncé , ainsi que toutes les pennes des ailes , dont toutes les couvertures sont d'un rouge pâle , si l'on en excepte cependant les plus petites , qui bordent le haut de l'aile ; celles-ci sont d'un vert plus clair que le dos. La poitrine , les flancs , les jambes , le bas-ventre et les couvertures du dessous de la queue , sont d'un vert imprégné d'une forte teinte jaunâtre , qui se rencontre au revers de la queue et sur les couvertures du dessous des ailes. Le bec , les pieds et une petite peau nue qui entoure les yeux et les narines , sont couleur de chair tendre. Les yeux sont noirâtres.

J'ai vu vivantes plusieurs de ces Perruches au Cap de Bonne-Espérance , où les vaisseaux de la Compagnie les apportoient des Indes orientales , particulièrement de l'île de Java. Elles sont très-douces et fort caressantes , mais n'apprennent point à parler. Je m'en étois procuré deux , que j'apportois en Europe avec beaucoup d'autres oiseaux ; mais , dans la traversée longue et malheureuse que nous fîmes , je n'eus pas le bonheur d'en conserver un seul , le. froid les ayant tous fait périr dans des parages où nous arrivâmes au moment de leur mue , et où nous fûmes obligés de rester près de deux mois , contrariés par les vents.

LA PERRUCHE A FACE BLEUE.

PLANCHE XLVII.

Moyenne taille ; corps épais ; queue pointue et de la longueur du corps ; face encadrée d'un cordon bleu , qui borde la base des mandibules ; collier jaunâtre sur la nuque ; plumage gros vert sur les parties supérieures du corps ; poitrine et couvertures du dessous des ailes rouges ; partie inférieure du dessous du corps , dessus et revers de la queue , d'un vert jaunâtre ; bec jaunâtre ; pieds et ongles brun-noir.

La Perruche à face bleue. Pl. 47.

Barraband pinx.

De l'Imprimerie de Langlois.

La Perruche à estomac rouge ; Edw. Glan. fig. 232.

On trouve de si grands rapports entre la Perruche de cet article et celle que nous avons décrite sous le nom de Perruche à tête bleue , si surtout l'on ne fait qu'une médiocre attention aux descriptions qu'on en a données , que je ne suis point surpris que nos naturalistes raient tous rapportée à l'espèce de cette dernière , quoique la description exacte et la figure qu'Edwards , qui l'avoit vue , en a donnée , eussent dû contrarier un peu cette prétendue synonymie. Il faut au reste avoir' , comme moi , comparé l'un à l'autre , et avec la plus scrupuleuse attention , ces deux oiseaux , pour avoir saisi ce qu'ils ont de commun et de différent , et s'être enfin convaincu qu'ils doivent être séparés , comme formant , sinon deux espèces , au moins deux races très-distinctes. l'estime , en un mot , que l'un est à l'autre ce que l'Ara Canga , qui habite la Guiane , est à l'Ara Macao , qu'on ne trouve qu'au Brésil et au Pérou. Nous observerons cependant que , dans la Perruche à tête bleue , figurée sous notre n.° XXIV , les pennes de la queue ne sont pas pointues comme ici , caractère qu'Edwards a bien rendu dans la figure qu'il a donnée de notre Perruche à face bleue , qu'il nomme , à estomac rouge , nom que nous avons cru nécessaire de changer en celui de face bleue , qui la caractérise mieux ; car il est plus d'une Perruche à poitrine rouge , tandis que celle-ci est la seule connue qui ait toute la face encadrée dans un simple cordon bleu fort étroit. Elle a de commun avec la Perruche à tête bleue un collier jaune sur la nuque. Mais la description détaillée que nous avons donnée de l'une , et celle que nous allons donner de l'autre , suffiront , je pense , pour mettre le lecteur parfaitement à même d'apprécier les différences respectives.

Un cordon bleu , de deux lignes au plus de large , entoure et dessine le contour des mandibules à leurs bases , en s'élargissant un peu sur le front. Le reste de la face et tout le dessus de la tête , ainsi que le derrière du cou , que traverse un collier jaunâtre et aboutissant aux oreilles , sont d'un beau vert de pré foncé , couleur qui est aussi celle du bas du cou , du dos , des scapulaires , du croupion , des couvertures supérieures de la queue , de celles du , dessus des ailes , du dessus des pennes de celles-ci et de celui de la queue. Le devant du cou et le tour des oreilles sont d'un vert jaunissant , ainsi que les flancs , le bas-ventre , les couvertures du dessous de la queue , le revers de toutes ses pennes et les plumes des jambes , sur lesquelles cependant le jaune est plus prononcé qu'ailleurs ; il se mélange aussi sous la queue d'une teinte brunâtre. Les plumes de la poitrine sont généralement d'un rouge fané ; mais elles portent toutes une bordure rouge-foncé , qui les détache en écailles les unes sur les autres: de semblables bordures se trouvent sur quelques-unes des plumes vertes des flancs et du bas de la poitrine. Les couvertures du dessous des ailes , si on en excepte les plus petites qui revêtent leurs bords extérieurs , et qui sont jaunes , sont toutes d'un rouge éclatant. Les onze premières pennes de l'aile sont jaunes dans le milieu de leurs barbes intérieures ; mais ce jaune occupe toujours moins d'espace en largeur , à mesure que la penne est plus proche voisine du corps ; les , 12 , 15 , 14 , 15 , 16 et 17.ᵉ sont rouges sur les parties correspondantes au rouge des premières : de sorte que tout le dessous des ailes se trouve traversé par une bande jaune , puis rouge , et beaucoup plus large du côté extérieur que vers le corps ; ce qui produit un effet très-agréable , l'aile se trouvant (par le vide que laisse cette bande , d'un côté , entre elle et les couvertures , qui sont rouges , et les pointes des pennes , qui sont brunâtres , de l'autre) , se trouvant , dis-je , traversée par cinq bandes , dont la première , très-étroite du haut , est jaune ; la seconde , qui comprend les couvertures , rouge ; la troisième , brune ; la quatrième , jaune et rouge , et enfin la cinquième et dernière de la pointe des ailes , brune. Nous observerons que le rouge et le jaune des pennes des ailes n'existent que dans les barbes intérieures de ces pennes , c'est-à-dire , qu'on n'en aperçoit absolument rien sur leurs parties ostensibles. Le bec est jaunâtre. Les pieds et les ongles sont d'un brun noir.

J'ai vu cette belle Perruche dans le cabinet de M. l'abbé Aubry , curé de Saint-Louis , à Paris : je l'ai vue encore dans celui de M. Holthuysen à Amsterdam , où se trouvoit aussi la Perruche à tête bleue , et où j'ai eu le loisir de comparer ensemble ces deux oiseaux. On verra par les figures que j'en donne , que celui de cet article est plus épais de corps que l'autre , et plus fort dans toutes ses parties ; qu'il a les plumes de la queue pointues , tandis que l'autre les a larges du bout: il y a aussi quelques différences dans les formes du bec.

M. Holthuysen n'a pu me dire de quelle partie de l'Inde provenait l'individu qu'il avoit dans son cabinet ; ce qu'il eût été' intéressant de savoir , Edwards ne nous apprenant rien du pays de celui qu'il a décrit et figuré , sinon qu'il avoit été apporté des Indes : le lieu précis qu'habite cet oiseau reste donc inconnu. En attendant qu'on nous l'apprenne , je pense qu'il étoit utile de parler dans cet ouvrage de la Perruche à face bleue ; car , qu'elle soit ou ne soit pas une variété de celle à tête bleue , il est au moins certain qu'elle en diffère à bien des égards , et qu'elle sera toujours une Perruche à face encadrée de bleu seulement. Nous ajouterons qu'ayant vu deux de ses individus absolument pareils à celui d'Edwards , et qu'ayant observé que la Perruche à tête bleue ne subissoit la même variation dans aucun de ses différens âges , puisque , dès le sortir du nid , elle a toute la tête et la gorge bleues , et que sa femelle a aussi les mêmes parties toutes bleues , nous sommes à peu près fondés à considérer la Perruche à face bleue comme spécifiquement distincte de celle à tête bleue , plutôt que comme n'en étant qu'une variété d'âge. Mais , dira-t-on , elle peut en être une variété accidentelle. Je réponds à cela 'qu'il me paroît très-difficile de trouver trois variétés accidentelles d'une même espèce qui soient absolument semblables. Je tiens ici à ma maxime , qu'il faut laisser au temps à décider de semblables questions , les conjectures ne pouvant , dans aucun cas , tenir lieu d'observations : laissons-les plutôt indécises que de les mal résoudre ; l'histoire naturelle n'a déjà que trop de ces conjectures!

LA PERRUCHE A BANDEAU ROUGE.

PLANCHE XLVIII.

Taille moyenne ; queue beaucoup plus courte que le corps; celui-ci ramassé; le front ceint d'un bandeau rouge vif , qui descend jusqu'aux yeux , derrière lesquels il se rencontre jusque sur les oreilles ; sommet de la tête bleu ; plumage vert , plus foncé dessus que dessous le corps ; bec brun-noirâtre à la base , et jaune au bout ; pieds grisâtres.

La Perruche à bandeau rouge. Pl. 48.

Barraband pinx.t   De l'Imprimerie de Langlois.

CETTE charmante Perruche habite les terres de la mer du Sud , et se trouve particulièrement , à ce qu'on m'a assuré , à la Baie Botanique. Je ne pense pas qu'elle ait été décrite encore ; du moins je ne la reconnois parfaitement dans aucune des descriptions , et surtout dans aucune des figures de Perruches. qu'on a publiées jusqu'à ce moment. Elle est d'une taille qui tient le milieu entre les petites Perruches et celles de médiocre grandeur. Sa queue est fort courte , n'ayant à peu près que la moitié de la longueur du corps , mesuré du bec à l'anus ; et les ailes , ployées , s'étendent jusqu'au milieu de la queue. Il seroit possible que ce caractère de queue courte eût fait ranger par les naturalistes cette Perruche parmi les Touis ou Perriches à courte queue , division que l'on doit à Buffon , et que nous adopterons , mais avec restriction. Comme les Perruches à courte queue , de tous les climats , offrent , dans cette partie , des formes différentes , puisqu'il en est à queue pointue et à queue arrondie , nous avons préféré de laisser celles qui , comme la Perruche à bandeau rouge , ont toutes les pennes de la queue pointues et étagées en fer de lance , parmi les Perruches que nous avons désignées ainsi , quel que soit leur pays ; car une division simplement fondée sur la longueur des queues ou le pays natal des oiseaux , seroit sujette à erreur. Des formes constantes doivent donc , et sans contredit , être préférées: c'est aussi ce que nous n'avons pas balancé à faire ; et lorsque nous traiterons des Perruches que nous nommerons Perriches , et qui , à la vérité , ont aussi la queue courte , mais d'une forme différente de celle des Perruches qui l'ont en fer de lance (ce qui a échappé à Buffon) , on sentira mieux encore l'inconvénient des divisions de ce naturaliste et la préférence qu'on doit donner aux nôtres.

Nous avons surnommé à *bandeau rouge* la Perruche dont il est ici question: en effet , elle a tout le front rouge jusqu'aux yeux , où ce bandeau se trouve interrompu , mais immédiatement au-delà desquels il reparoît pour s'étendre , en l'élargissant toujours davantage , jusque sur les oreilles , qu'il couvre entièrement. Le sommet de la tête est bleu. Le cou , par derrière et sur les côtés , la gorge , la poitrine , le ventre , les jambes et les couvertures du dessous de la queue , sont d'un vert tendre. Le haut des flancs est d'un beau jaune de jonquille , qui ne paroît qu'un peu lorsque les ailes sont ployées. Les couvertures du dessous de celles-ci , une partie du revers de leurs pennes , et tout celui visible vers la pointe des pennes de la queue , sont jaunes aussi , sauf la partie haute de celles-ci , qui est rougeâtre. Le bas du derrière du cou est marqué de jaune-brun , tandis que le dos , les scapulaires , toutes les couvertures du dessus des ailes , et leurs pennes , sont d'un vert de pré: ces dernières portent cependant , ainsi que les plus grandes couvertures , un liséré jaune , qui file le long de leurs barbes extérieures. La queue est , en dessus , du vert des ailes. Le bec est brun-noir à sa base , et jaune ou rouge à la pointe. Les pieds sont grisâtres. La couleur des yeux ne nous est pas connue.

L'individu qui a servi à cette description et à la figure que nous publions de la Perruche à bandeau rouge , fait partie du cabinet de M. Raye de Breukelervaert , à Amsterdam : nous en avons vu un vautre , semblable , chez M. Bœrs , à Asserswoude , et enfin un troisième , tout nouvellement envoyé de Londres par M. Banks , au cabinet national de Paris , où il manquoit ; mais celui-ci , quoiqu'absolument semblable aux autres pour les couleurs , est plus petit d'un tiers à peu près.

LE LORI NOIR.

PLANCHE XLIX.

Forte taille ; queue un peu plus courte que tout le corps , et étagée en fer de lance ; plumage d'un noir-brun violacé ; revers de la queue d'un rouge-jaunâtre brillant ; bec et pieds noirs-bruns.

Le Lori noir de la nouvelle Guinée ; par Sonnerat , Voyage à la

Le Lori noir. Pl. 49.

Barraband pinx.   *De l'Imprimerie de Langlois*

nouvelle Guinée , page 175 , planche 110.

Nous laissons à cette Perruche le nom de Lori que lui a donné Sonnerat , quoique la couleur rouge ne soit pas , à beaucoup près , celle qui domine sur son plumage ; car on n'en aperçoit qu'au revers de la queue , où même le rouge est mêlé de beaucoup de jaune. Ce nom de Lori noir est , au reste , celui que , de tout temps , cet oiseau a porté dans l'Inde et à Madagascar , où il se trouve , tout aussi bien qu'à la nouvelle Guinée , si même il est vrai qu'il habite cette dernière contrée , comme le prétend Sonnerat. Ce nom prouve , d'ailleurs , qu'aux Indes on donne le nom de Lori-non-seulement aux Perroquets chez qui le rouge domine , comme le dit Buffon , mais à tous les Perroquets en général ; car le mot Lori est , aux Indes , l'équivalent de ceux de Perroquet en françois , de *Papegay* en hollandois , de *Parrot* en anglois , etc. ; ces noms sont , chez chaque nation , celui des Perroquets en général , et non celui d'une famille ou' d'une espèce particulière de Perroquets. C'est pour l'avoir méconnu que Buffon donne encore le nom de Papegay à une prétendue famille de Perroquets ; erreur que nous devons , au reste , aux méprisés des voyageurs , qui , n'entendant pas la langue du pays où ils se trouvent , en commettent beaucoup d'autres semblables , et par fois de très-plaisantes , par les équivoques qu'elles offrent. C'est encore ainsi que , tant que les voyageurs ne commenceront pas par étudier la langue du pays qu'ils veulent parcourir , nous n'aurons jamais que des connoissances très-incertaines sur les mœurs et les usages des peuples qu'ils visiteront. Mais par quelle fatalité' arrive-t-il que celui qui , ayant acquis cet avantage , aura connu et dit la vérité , éprouve le triste désagrément d'inspirer des doutes? Il est donc bien dangereux de heurter les opinions reçues , quoique souvent consacrées par un mérite supposé ! Hélas , combien d'hommes qui ne doivent leur grande réputation qu'au piédestal sur lequel ils sont montés! Tel , dont on n'eût jamais parlé , est tout à coup proclamé un homme du plus grand mérite , ou parce qu'on le craint , ou parce qu'il peut beaucoup. Ces hommes-là ne pourroient-ils pas être comparés à ces nains , montés sur de grandes échasses , que tout le monde prend de loin pour des géans , mais qui se trouvent être réellement plus petits que l'homme de la taille la plus ordinaire? Revenons à notre Lori.

Le Lori noir est une forte Perruche , qui , par la structure d'un corps très-épais , ressemble plutôt à un Perroquet qu'à une Perruche ; mais comme il a la queue plus longue qu'un Perroquet , et que d'ailleurs il l'a pointue et coupée en fer de lance , nous avons cru devoir le placer parmi les Perruches de cette division. Nous ne donnerons pas les dimensions de cet oiseau , puisqu'on le trouve représenté de grandeur naturelle sur nos planches. Son plumage est , en général , sur le corps , les ailes et la queue , d'un brun-noir violacé , qui , dans l'ombre , est des plus monotones , parce qu'il y paroît d'un brun-noir uniforme ; mais en revanche , exposé au jour , il est d'un bleu-violacé très-brillant , partout où la lumière le frappe directement. Les plumes de cet oiseau , celles surtout du dessous du corps , ont , au toucher et à l'œil , le moelleux du velours. Le revers de la queue est d'un rouge brillant , mêlé d'une forte teinte jaune , qui paroît d'or au soleil. Le bec est noir , et les pieds sont bruns.

L'espèce du Lori noir fait partie de mon cabinet: j'ai vu un autre de ses individus dans le cabinet de M. Temminck , à Amsterdam: j'en ai vu enfin deux autres , vivans , au Cap de Bonne-Espérance ; ils y avoient été apportés d'Amboine , où l'espèce se trouve aussi.

LA PERRUCHE BANKS.

Taille moyenne ; queue pointue , beaucoup plus courte que le corps ; front , gorge , poignet des ailes , et taches sur les flancs , rouge-carmin ; dessus de la tête , et milieu des ailes , bleus ; queue pourpre ; corps vert , plus foncé en dessus qu'en dessous ; bec , pieds et ongles , gris-brun.

PLANCHE L.

La Perruche Banks. Pl. 50.

Barraband pinx.ᵗ   De l'Imprimerie de Langlois.

CE n'est pas sans éprouver le plaisir le plus vif, que je puis, à mon tour, en payant mon humble tribut d'admiration à l'illustre compagnon de Cook, dont le courage intrépide a si puissamment concouru à enrichir nos connoissances, témoigner ici, pour ma part, à M. Banks, tout ce que je lui dois de gratitude pour les jouissances nouvelles que m'ont procurées ses intéressantes découvertes. Qu'il me soit donc permis de consacrer à la charmante et nouvelle espèce de Perruche des Terres australes que je vais décrire, un nom que des services essentiels à la science et aux savans de toutes les nations ont, à juste titre, rendu célèbre dans les deux hémisphères.

A des formes agréables la Perruche Banks joint beaucoup de régularité dans la distribution de ses belles couleurs, ce qui lui donne une tournure élégante et fort distinguée. Elle a le front ceint d'un bandeau rouge-carmin, auquel succède une calotte bleu d'azur, qui lui couvre le dessus de la tête seulement. La gorge est aussi rouge: cette même couleur rouge s'étend un peu sur les côtés au bas des joues, et y forme comme deux moustaches; elle marque aussi le poignet des ailes, et reparoît encore sur les flancs par taches séparées. Le derrière de la tête et du cou, les joues, les scapulaires, le dos, le croupion et les couvertures du dessus de la queue, sont d'un beau vert de pré. Le devant du cou, la poitrine, le ventre, les plumes des jambes et les couvertures du dessous de la queue, sont d'un vert jaunâtre, qui, sur les flancs, prend un ton plus approchant du jaune décidé. L'espace compris entre l'œil et le bec, est d'un jaune marqué d'un peu de rouge. Les pennes alaires sont brunâtres, et portent toute un liséré vert-jaunâtre sur leurs bords extérieurs. Les couvertures des ailes, si on en excepte celles des poignets, qui portent du rouge, sont toutes d'un bleu foncé, qui, s'éclaircissant toujours davantage, à mesure qu'il monte vers les scapulaires, prend, dans celles qui avoisinent ces derniers, le bleu tendre du dessus de la tête. La queue, qui n'a guères que la moitié de la longueur du corps, est pointue, et a les pennes étagées de manière qu'elle forme le fer de lance: ses deux du milieu sont d'un rouge cramoisi, et à pointes bleues: toutes les autres sont lisérées de rouge, extérieurement, mais de manière que ce rouge s'étend davantage, à mesure que la penne devient plus intermédiaire; elles sont d'ailleurs d'un bleu violet, et à pointes jaunâtres. Le revers de la queue est d'un pourpre violâtre, et celui des grandes pennes alaires, brunâtre. Les grandes couvertures du dessous des ailes sont vertes; les moyennes, d'un vert jaune, et les plus petites, rouges. Le bec (qui est petit), les pieds, et même les ongles, sont d'un gris brun.

Nous savons que cette espèce habite quelques îles de la mer du Sud, mais nous ne saurions dire précisément lesquelles. Le seul individu que nous en 'ayons vu, fait partie du cabinet de M. Raye de Breukelervaert, à Amsterdam.

LE LORI ÉCAILLÉ.

PLANCHE LI.

Taille moyenne ; queue un peu plus courte que le corps ; plumage rouge terne. coupe en festons par des bordures vert sombre ; bec rouge ; pieds bruns.

L'INCERTITUDE où je suis à 'égard de l'espèce de cette Perruche , dont je ne trouve de description exacte nulle part , m'a fait lui donner un nom particulier.

Le Lori écaillé. Pl. 51

Barraband pinx.   De l'Imprimerie de Langlois.

Je dois cependant avouer qu'en la comparant au Lori rouge et violet , sixième espèce des Loris de Buffon , figuré n.° 684 de ses planches enluminées , sous le nom de Lori de Gueby , je lui trouverois quelque rapport avec ce dernier , s'il étoit vrai qu'on pût s'en rapporter aux figures et aux descriptions d'un écrivain dont nous avons tant de fois reconnu les inexactitudes ; mais le pût-on dans ce cas-ci , c'est-à-dire , la figure citée du Lori de Gueby fût-elle exacte , cet oiseau différeroit encore assez de notre Lori écaillé pour en être une espèce distincte. La description de Buffon est , d'ailleurs , très-insuffisante , puisqu'il n'y a entre dans aucun détail ; elle diffère aussi de la figure à laquelle on la fait rapporter : or tout cela rendra la question difficile à résoudre , tant qu'on n'aura pu comparer l'un à l'autre les deux oiseaux en nature. Il est donc toujours essentiel de mettre la plus grande exactitude dans ses descriptions ; il l'est bien davantage encore , lorsqu'on ne donne pas de figures , ou qu'on les donne mauvaises. J'observerai , enfin , que , lors même qu'on viendroit à reconnoître que ma Perruche *écaillée* est effectivement la même espèce que le Lori *rouge et violet* de la description de Buffon , ou le Lori de Gueby de ses planches , le surnom que je lui donne lui conviendroit mieux que ces deux autres , puisqu'il y a plusieurs espèces de Loris rouge et violet , et que , l'espèce que nous faisons connoître ici se trouvant encore ailleurs qu'à Gueby , on pourroit tout aussi bien la dire d'Amboine , d'où elle a été apportée , que de Gueby ou de tout autre lieu qu'elle habite. Les noms de pays ne peuvent servir que très-improprement à faire distinguer les espèces d'oiseaux , car on n'en a jamais vu rester exclusivement attaché à un même canton.

Notre Lori écaille a tout le plumage , en général , d'un rouge terne: il porte cependant , sur chaque plume du dessus de la tête , du derrière et des côtés du cou , de la poitrine et des flancs , une bordure d'un vert sombre qui paroît noir sous certain jour. La queue est cramoisie , Les couvertures du dessous des ailes sont rouges , et la plupart festonnées de vert sombre. Les pennes des ailes sont de la couleur de la queue , à l'exception de leurs pointes , qui sont noirâtres. Le bec est rouge , et les pieds sont noir-brun.

J'ai vu plusieurs individus de l'espèce de ce Lori dans quelques cabinets de la Hollande : elle est aussi au Muséum d'histoire naturelle à Paris.

LA PERRUCHE LORI.

PLANCHE LII.

Taille moyenne ; forme trapue ; queue pointue et plus courte que le corps ; calotte bleue ; devant du cou rouge , festonné de vert sombre ; plumage supérieur vert de pré ; dessous du corps vert , tacheté de jaune ; dessous des pennes de la queue , rouge sur leurs parties hautes ; bec rouge clair ; pieds et ongles gris-brun.

La Perruche Lori. Pl. 52.

Barraband pinx.̓   De l'Imprimerie de Langlois.

The Lory-Parrakeet ; Edw. tom. IV , pl. 174. *La Perruche variée des Indes* ; Briss. tom. 1V , n.° 73. *La Perruche Lori* ; Buff. cinquième espèce de Perruche à. queue longue et égale , pl. enlum. n.° 552 , sous le nom de Perruche variée des Indes orientales.

Cette charmante Perruche , qu'Edwards a le premier très-bien fait connoître par la description exacte qu'il en a donnée , habite une grande partie des Indes orientales , d'où on la reçoit fréquemment en Europe , tant à cause de la beauté de son plumage , que parce qu'elle est naturellement fort douce et très-caressante. Je ne sache pas qu'elle apprenne , bien ou-mal , à parler , n'ayant jamais vu aucun de ses individus sur lequel on eût exercé sa patience pour le lui apprendre. Je suis fortement persuadé , au reste , que les Perroquets , qui ont la langue épaisse , doivent avoir aussi la faculté d'articuler les mots des différentes langues , et qu'il ne s'agiroit , pour qu'ils le fissent , que de les exercer dans celle qui a le plus d'analogie avec leur ramage naturel. Je suis sûr , par exemple , que les Aras apprendroient plus facilement , et plus vîte , à prononcer quelques mots allemands ou hollandois que du François ; et , par la raison contraire , que beaucoup de Perruches et de Perroquets à voix sonore apprendroient mieux à articuler de l'italien ou du françois que les mots des deux autres langues. J'ai vu des corbeaux prononcer de la manière la plus distincte des mots allemands , tandis qu'il est fort difficile de leur en apprendre de François , à moins qu'on n'en choisisse parmi ceux qui sont analogues à leur croassement.

La Perruche Lori est sujette à beaucoup de variations dans l'état de domesticité. Considérée dans son état de nature , elle a tout le dessus de la tête d'un beau bleu foncé , auquel succède par derrière un croissant rouge , qui entoure l'occiput , et dont les deux pointes viennent aboutir derrière les yeux. La gorge , les yeux , et tout le devant du cou jusqu'à la poitrine , sont couverts de plumes rouge-vermillon , terminées par une bordure d'un vert sombre , qui , dans l'ombre , paroît noir , et qui , au jour , varie en violet: les plumes rouges du croissant sur l'occiput ont de semblables festons , mais fort légers. Le derrière du cou , le dos , les scapulaires , le croupion , les couvertures supérieures de la queue , le dessus de la queue même , sont: d'un beau vert plein , ainsi que toutes les couvertures des ailes et tout ce qui se voit de leurs pennes. Sur les côtés du cou règne une suite de taches jaunes sur un fond vert , qui sépare le rouge du devant , du vert du derrière du cou. Ce jaune , fouetté de rouge et de vert , se porte sur les flancs , et s'y montre un peu vers le bord des ailes , lorsque celles-ci sont appliquées au corps. Le dessous du corps est d'un vert plus clair que le dessus. Comme l'intérieur de ces parties du corps est jaune , cette couleur s'y montre par intervalle , et y forme une marbrure très-agréable. Les couvertures du dessous de la queue sont vertes , et à bordures jaunes ; ses pennes , en dessous , sont rouges dans leurs parties hautes , vertes ensuite , et à pointes jaunes. Nous observerons que le rouge perce en dessus , mais qu'on ne l'y aperçoit pas , parce que ce sont seulement les barbes extérieures qui en sont marquées ; on l'y voit cependant très-distinctement quand l'oiseau déploie sa queue. Le bec est orangé , et les pieds sont gris-brun. Dans quelques individus les plumes qui recouvrent les oreilles sont bleues , ce qui forme deux taches oblongues , de cette couleur , sur cette partie ; mais il en est un plus grand nombre chez qui on ne retrouve "pas ces taches : seroient-elles un des caractères distinctifs du mâle? C'est ce que nous ignorons , n'ayant jamais eu la facilité de disséquer aucun de ces oiseaux pour nous en assurer , quoique nous en ayons vu beaucoup de vivans.

Dans 'état de domesticité , la Perruche Lori offre , comme nous l'avons déjà dit , plusieurs variations , qui la rendent encore plus agréable par la distribution et l'assortiment qui s'y font de ses belles couleurs. J'ai vu de ses individus , ainsi variés , dont tout le dessous du corps étoit jaune ; d'autres , chez qui le jaune s'étoit répandu sur le dos , sur les couvertures des ailes ; quelquefois même plusieurs des pennes alaires étoient entièrement jaunes. Celui qu'a publié Edwards étoit varié de jaune sur le dos. J'en ai vu un , enfin , dont le rouge du devant du cou s'étoit répandu en gouttes sur toutes les plumes du dos et sur les couvertures des ailes. Il est difficile , en un mot , de voir de cet oiseau deux individus parfaitement semblables , quand ils ont vécu en domesticité , tandis que je n'ai pas trouvé un seul exemple de ces changemens dans tous ceux tués dans les bois que j'ai vus dans différens cabinets.

LE LORI PERRUCHE VIOLET ET ROUGE.

Taille un peu plus que moyenne ; queue étagée , de la longueur du corps ; front , nuque , gorge , dos , jambes et dessous de la queue rouges ; couvertures des ailes et plumage du devant du cou rouges , et bordées de vert sombre , violâtre ; tête , bande auriculaire , derrière du cou , poitrine , flancs , ventre et dessus de la queue bleus ; pennes alaires brun-jaunâtre ; bec rouge ; pieds et ongles noir-brun.

PLANCHE LIII.

La Perruche rouge des Indes ; BRISSON , tom. IV , n.° 78 , avec

Le Lori Perruche violet et rouge. Pl.53.

Barraband pinx.   De l'Imprimerie de Langlois.

une très-mauvaise figure , pl. XXV , fig. 2. *Le Lori Perruche violet et rouge* ; Buff. 2.ᵉ espèce de Loris Perruches ; pl. enl. n.° 143 , sous le nom de Perruche des Indes orientales.

Cette magnifique Perruche est représentée chez Buffon d'une manière reconnoissable , quoique , mal à propos , elle y ait les pennes alaires peintes en beau jaune citron. Ce défaut n'existe peut-être pas dans tous les exemplaires de l'ouvrage de ce naturaliste , où l'oiseau seroit encore assez bien pour qu'on ne pût se méprendre sur son espèce : aussi lui ai-je conservé le nom sous lequel Buffon en a donné une très-courte description. Celle , très-étendue au contraire , qu'en a donnée Brisson , suivant sa louable coutume , est fort exacte , aux nuances près des couleurs , qu'il fait plus ternes qu'elles ne sont en effet , surtout le rouge ; ce qui provient de ce qu'il n'avoit vu qu'un individu du cabinet de l'abbé Aubry , individu dont j'ai fait l'acquisition à la vente qui s'est faite de ce cabinet , et dont les couleurs étoient effectivement ternies par les fumigations de soufre , autrefois en usage pour préserver les oiseaux de la voracité des insectes rongeurs. Mais comme j'en ai vu autres trés-bien conserves , je me trouve à même de réparer ces petites erreurs. Nous ne parlerons pas des dimensions de cette Perruche , attendu que nous l'avons figurée de grandeur naturelle. Elle a le front ceint d'un bandeau rouge , qui descend sur les côtés du bec , où il se joint au rouge de la gorge et du devant du cou , jusqu'à la poitrine: ces plumes rouges étant toutes terminées sur le cou par une bordure d'un vert sombre , jouant du noir au violet , suivant les incidences de la lumière , elles forment sur cette partie des festons réguliers , mais plus larges en bas que dans le haut. La partie supérieure du dos , le croupion , les couvertures du dessus de la queue , les scapulaires et les jambes , sont d'un rouge vif. Les dernières pennes des ailes et toutes leurs couvertures sont d'un rouge cramoisi , et terminées par une bordure en festons , semblable à celle du devant du cou , mais beaucoup plus large. Les premières plus grandes pennes des ailes sont d'un brun jaunâtre , qui approche de l'olive pochetée : les suivantes sont de la même couleur , mais elles ont de plus que celles-là des bordures semblables à celles des dernières ou plus proches du corps. Le sommet de la tête est d'un gros. bleu , qui descend jusqu'aux yeux , par le dessous desquels il se porte sur les côtés et le derrière du cou ; de sorte que , depuis le rouge du front jusqu'au bas du cou par derrière , toute cette partie seroit bleue , si elle n'étoit coupée sur le derrière de la tête par une large bande rouge , qui a la forme d'un collet d'habit. La poitrine , les flancs , le ventre et les couvertures du dessous de la queue , sont d'un bleu varié par le rouge du dedans des plumes , qui se montre pour peu que celles-ci s'écartent. La queue est , en dessus , d'un bleu violet , et rouge en dessous. Le revers des pennes des ailes , et toutes les couvertures supérieures de celles-ci , sont rouges. Le bec est rouge , et les pieds sont bruns. Le Lori Perruche violet et rouge se trouve aux Moluques.

LA PERRUCHE LORI A CHAPERON BLEU.

Taille moyenne ; corps épais ; queue pointue , et moitié moins longue que le corps ; ailes vert-sombre , violacé et coupé de rouge ; queue cramoisi ; chaperon t large tache bleus , couvrant tout le sternum ; face rouge ; bec petit et rouge ; pieds gris.

PLANCHE LIV.

Je crois cette charmante et rare Perruche absolument nouvelle ; du moins ne la reconnois-je dans aucune des descriptions et des figures , qu'on a publiées jusqu ici des oiseaux de sa sorte. J avouerai cependant qu'il est extrêmement

Perruche à Chaperon bleu. Pl.54.

Barraband pinx. De l'Imprimerie de Langlois

difficile de ne pas se méprendre à cet égard , quand on considère la quantité prodigieuse de descriptions tronquées qu'on nous adonnées d'un même oiseau , et qui toutes diffèrent , non-seulement de l'oiseau , mais même entr'elles quoiqu'elles ne soient guères pour la plupart que des copies les unes des autres. Je penserois donc que , puisque cette histoire des oiseaux que je publie à mon tour , n'est pas le fruit d'une froide compilation ni d'une étude superficielle , mais le résultat d'observations suivies avec exactitude , et que mes descriptions ne sont faites que d'après nature ; je penserois , dis je dans le cas d'un doute , il vaudroit mieux avoir aucun égard à ce qui a été fait par les autres ; car donner un nom nouveau à un oiseau , qu'on fait d'ailleurs parfaitement connoître une fois pour toutes , est sans doute un moindre mal que ne le sont toutes-ces prétendues synonymies qui ne font que perpétuer des erreurs malheureusement déjà trop nombreuses. Il est temps que la vérité prenne la place du mensonge , et que surtout l'exactitude remplace cette charlatanerie de certains faiseurs de livres qui , n'ayant pas en eux-mêmes les connoissances nécessaires pour étendre les progrès d'une science , abusent , et du goût du siècle pour l'étude de l'histoire naturelle , et de la crédulité publique , pour donner sous des couleurs nouvelles et sans choix les découvertes des autres , après les avoir tourmentées de mille manières pour les déguiser. Je ne pardonne pas à l'écrivain , quel qu'il soit , qui se pare ainsi de la dépouille d'autrui , quelque peine qu'il se soit donnée pour en rassortir les lambeaux.

La Perruche que nous surnommons à chaperon bleu est des mieux caractérisée par cette sorte de coiffure qui , enveloppant le haut de la tête et le derrière du cou , fait ensuite , au bas de ce dernier , le tour entier par devant , laissant à découvert le front , les joues et la gorge , qui sont d'un beau rouge ; de telle sorte qu'on diroit que la tête et le cou de cette Perruche sont effectivement couverts d'un chaperon bleu foncé , dont on auroit coupé seulement la partie correspondante à la face. Une autre grande plaque bleue couvre tout le milieu du sternum , et y forme une espèce de cuirasse , séparée du chaperon par une large bande rouge , qui s'étend sur les flancs , les jambes , la partie abdominale et les couvertures du dessous de la queue ; mais ce rouge est traverse' sur les flancs et le bas-ventre par quelques bordures bleues , qui frangent plusieurs plumes. Le dos , les scapulaires , le croupion , toutes les petites et moyennes couvertures du dessus des ailes , ainsi que celles du dessus de la queue , sont d'un rouge cramoisi. Les pennes des ailes sont , en dessus , d'un noir qui se change , ou en violet foncé , ou en vert sombre , suivant les incidences de la lumière ; mais , comme leurs barbes intérieures sont en grande partie rouges , lorsque les pennes s'écartent un peu , on aperçoit quelques traits rouges en long sur celles-ci. Les grandes couvertures du dessus des ailes sont de la couleur des pennes , mais elles sont traversées par une bande rouge , qui produit un bel effet sur les ailes. La queue , qui a la moitié de la longueur du corps , est étagée , pointue et en forme de fer de lance: sa couleur est , en dessus , d'un rouge de brique , et en dessous , d'un rouge clair. Les couvertures du dessous des ailes sont rouges , et le revers du bout de leurs grandes pennes est grisâtre. Le bec , qui est petit , est d'un beau rouge. Les pieds sont d'un gris rougeâtre.

Nous avons vu plusieurs individus de cette espèce dans les cabinets d'Hollande : celui que nous donnons ici , figuré de grandeur naturelle , fait partie du cabinet de M. Raye de Breukelervaert , à Amsterdam.

Ces oiseaux habitent les Moluques.

Femelle de la g.^de Perruche à collier et croupion bleu. Pl. 56.

Barraband pinx^t   De l'Imprimerie de Langlois.

LA GRANDE PERRUCHE A COLLIER ET CROUPION BLEU.

PLANCHE LV , LE MÂLE.

PLANCHE LVI , LA FEMELLE.

Forte taille ; queue de la longueur du corps entier , du sommet de la tête à l'anus ; tête , cou et dessous du corps d'un beau rouge ; collier bleu au bas du derrière du cou ; croupion bleu ; ailes et manteau vert foncé ; mandibule supérieure rouge ; inférieure , pieds et ongles , noirs. La femelle n'a de bleu que le croupion ; elle a les

_Sa grande Perruche à collier et croupion bleu. Pl. 55.

Barraband pinx.   De l'imprimerie de Langlois.

jambes et le bas-ventre rouges.

CETTE belle espèce , qui habite les îles de la mer du Sud , tient par sa taille un des premiers rangs parmi les grandes Perruches , comme on le verra par les figures , de grandeur naturelle , que nous publions du mâle et de la femelle. Elle a toute la tête , la face , les côtés et le devant du cou , ainsi que la poitrine , les flancs , le ventre , les plumes des jambes et le recouvrement du dessous de la queue , d'un rouge foncé brillant , marqué seulement de quelques taches bleues , qui frangent le bout des plus longues couvertures du dessous de la queue. Un collier d'un bleu d'outre-mer lustré traverse le derrière du cou , et sépare le rouge de la nuque du vert foncé du bas du il cou par derrière. Ce vert foncé se prolonge sur tout le haut du dos jusqu'au croupion , qui est tout du même bleu que le collier et les couvertures du dessus de la queue. Les scapulaires sont d'un jaune blanchâtre , qui , sous certain jour , se lustre de bleu tendre , ce qui les fait trancher sur le vert du dos , qui est le même que celui de toutes les couvertures du dessus des ailes et des pennes de celles-ci , dans toutes leurs barbes extérieures : l'intérieur de ces barbes est noirâtre. Les pennes de la queue , au nombre de douze , comme chez tous les Perroquets en général , sont étagées , mais moins fortement ici que dans beaucoup d'autres Perruches , la différence y étant moindre entre la penne la plus latérale et la plus longue du milieu , comparées à ces mêmes plumes des autres Perruches de la même division. Les plus longues de ccs pennes , celles du milieu , sont vertes ; les intermédiaires , bleu violacé , et les dernières , lisérées de vert sur le même fond bleu de celles-là. La mandibule supérieure du bec est d'un rouge foncé partout , sa pointe exceptée , qui est noire , ainsi que la mandibule inférieure. Les pieds et les ongles sont noirs. Nous ne connaissons pas la couleur des yeux , qui sont circonscrits dans une peau nue , noire aussi. Telles sont les couleurs du mâle de la grande Perruche à collier et croupion bleus.

Sa femelle est plus petite que lui , et en diffère d'ailleurs tellement qu'on seroit exposé à les donner pour autant d'espèces différentes ; car elle a la tête , la face et le derrière du cou d'un vert de pré , et la gorge , les côtés et le devant du cou , ainsi que la poitrine , et de là jusqu'au ventre , d'un vert jaune: ce qui est très-différent des couleurs du mâle sur ces mêmes parties. Cependant la nature , qui n'a pas voulu la déguiser au point de la rendre méconnoissable , lui a conservé le croupion bleu du mâle , et même le rouge , mais seulement sur les plumes des jambes , le bas-ventre , toute la partie abdominale et les couvertures du dessous de la queue , dont celles de dessus sont vertes chez elle , ainsi que le dos , les scapulaires , toutes les couvertures supérieures des ailes , les ailes elles-mêmes en dessus ; mais ce vert est ici moins foncé que chez le mâle. Les ailes ont leur dessous , et les bords intérieurs des pointes de leurs grandes pennes , noirâtres. Toutes les plumes de la queue sont d'un vert nuancé de bleu , mais plus prononcé sur celles du milieu que sur les latérales. Le bec est partout d'un rouge pâle. Les pieds sont d'un noir brunâtre. Nous avons figuré cette femelle n.° LVI , figure à laquelle nous renvoyons le lecteur.

Les deux individus que nous avons fait figurer et servir aux descriptions que nous venons de donner de l'espèce dans ses deux sexes , font encore partie du superbe cabinet de M. Raye de Breukelervaert , à Amsterdam. Nous avons vu en Hollande beaucoup d'autres individus de la même espèce , absolument pareils à ceux-là , et qui tous provenoient des îles de la mer du Sud.

LA PERRUCHE A AILES VARIÉES.

PLANCHE LVII.

Taille petite ; queue pointue , plus courte que le corps ; pennes intermédiaires des ailes , blanches , mêlées de jaune pâle ; couvertures de celles-ci jaune-citron ; dessus du corps vert , dessous d'un vert gris ; bec et pieds bruns.

La Perruche à ailes variées. Pl. 57.

La Perriche à ailes variées , 4. espèce à queue longue et égale ; Buffon , pl. enl. n.° 359 , sous la dénomination de petite Perruche verte de Cayenne. *Perruche de Cayenne* ; Briss. v. IV , pag. 334 , n.° 6o. *La Perruche aux ailes d'or* ; Edwards.

Brisson a assez exactement décrit cette espèce de Perruche , dont il donne les justes dimensions , dimensions reproduites par Buffon ; mais celui-ci n'en a pas moins compris l'oiseau dans la division des Perriches à longue queue , comme si une Perruche dont la longueur totale est de huit pouces quatre lignes , tandis que sa queue n'en a que trois et demi , pouvoit être regardée comme un oiseau à longue queue. Au reste , nous donnons de l'espèce la figure de grandeur naturelle , et d'une telle vérité , que le lecteur pourra s'en rapporter à elle de préférence à toutes celles qu'on en a publiées jusqu'ici ; car elles sont toutes plus ou moins fautives , notamment celle qu'Edwards , auteur assez vrai d'ailleurs , en a donnée , dans les exemplaires du moins que j'ai consultés , et où le jaune des ailes se trouve transformé en un rouge de vermillon. Cependant , la description de ce naturaliste étant en général exacte , cette erreur ne doit pas lui être imputée ; elle prouve seulement qu'il y a beaucoup de choix à faire entre les différens exemplaires de son ouvrage , comme , au reste , dans tous ceux de cette nature ; car , une fois qu'un livre se débite bien , les libraires , en général , chargés de l'exécution des figures , n'y regardent pas de si près. Malheur alors aux auteurs qui ne voient pas par eux-mêmes , surtout quand ils donnent des enluminures. C'est la crainte d'un tel inconvénient qui m'a fait essayer le tirage des planches en couleurs ; ce qui a si parfaitement réussi (grâces à la persévérance du citoyen l'anglois , qui a , dans cette partie , vaincu toutes les difficultés) que tout le monde a adopté ma manière. Ce moyen assure aux naturalistes plus de vérité dans les couleurs , et même plus de durée ; car , loin de s'altérer , elles acquièrent toujours plus de solidité , et , par-dessus tout cela , l'avantage inappréciable d'une uniformité constante , qu'il étoit impossible d'obtenir par la simple enluminure avec les couleurs à l'eau.

La Perruche à ailes variées a le dessus de la tête , le derrière du cou , le haut du dos , les scapulaires , toutes les moyennes et petites couvertures des ailes , ainsi que le croupion , les couvertures supérieures de la queue , et celle-ci en dessus , d'un vert blaffart , un peu plus gai cependant sur la queue et vers le croupion. Sur le front et vers les yeux , ce vert se mêle d'une légère teinte bleuâtre. La gorge est d'un vert pâle , tirant au gris , et qui , sur le devant du cou , sur la poitrine , les flancs , le ventre , les plumes des jambes , toute la partie abdominale , et les couvertures du dessous de la queue , prend un ton jaunâtre. Les cinq premières grandes pennes des ailes , ainsi que les plumes qui recouvrent leurs pieds , sont d'un bleu tendre et à bordures vert jaunâtre: mais cette couleur bleue varie singulièrement de teinte sous les différens aspects. Les treize pennes suivantes sont blanches , et ont , sur leurs barbes extérieures , un liseré jaune , qui s'élargit par degré , à mesure que la penne devient plus voisine du dos , de telle sorte qu'il occupe presque toute la largeur extérieure des dernières pennes. Celles-ci ont aussi une coupe singulière , en ce qu'elles sont taillées de biais vers le dos. Les trois dernières plumes de l'aile , qui touchent au dos , sont du vert des scapulaires. Les plus grandes couvertures des ailes sont jaune-citron dans toutes leurs parties visibles seulement , car elles ont leurs racines blanches. Le revers de la queue est d'un vert de mer à reflet gris : tel est aussi le revers des premières et dernières pennes vertes des ailes , dont les intermédiaires ont le leur d'un blanc jaunâtre. Les petites et moyennes couvertures du dessous des ailes sont d'un vert jaune , et les plus grandes sont vert d'eau clair. Le bec , les pieds et les ongles , sont d'un brun jaunâtre. Quant aux yeux , nous ne saurions dire quelle en est la couleur , n'avant jamais vu vivante cette espèce , qui est très-commune à Cayenne , d'où l'on fait de fréquens envois de ses individus en Europe , pour les cabinets. Buffon dit que cet oiseau vit en grandes troupes (ce que font tous les Perroquets , en général) ; qu'il fréquente les lieux découverts ; qu'il vient même jusqu'au milieu des endroits habités ; qu'il aime beaucoup les boutons des fruits de l'arbre immortel , et qu'il apprend à parler. Il ajoute que la femelle ne diffère du mâle qu'en ce qu'elle a les couleurs moins vives que lui , ce qui est vrai. Nous avons de plus remarqué que ces femelles ont aussi la queue plus courte d'un pouce que leurs mâles.

LA PERRUCHE A TACHE SOUCI.

Petite taille ; queue pointue , quoique peu étagée , et moitié moins longue que le corps ; ailes dépassant le milieu de la queue ; plumage gros vert ; tache souci sur le bord du milieu des grandes pennes ; celles-ci mêlées de bleu dans leur partie intérieure ; bec et ongles brun jaunâtre ; pieds gris.

PLANCHE LVIII , LE MÂLE

_La Perruche à tache souci, mâle. Pl. 58.

PLANCHE LIX , L.A FEMELLE.

Amies avoir compulsé toutes les descriptions qu'on a données jusqu'ici des Perruches , j'ai été surpris de ne reconnoître dans aucune d'elles l'espèce dont nous faisons le sujet de cet article: ne la retrouvant pas davantage dans les figures qu'on a publiées de ces oiseaux , je me crois autorisé à lui donner un nom. Cette Perruche est cependant si commune à Cayenne , et on l'a envoyée en si grand nombre de ce pays en Europe , qu'il est , je le répète , bien étonnant qu'elle ait échappé à tant d'ornithologistes. J'avois d'abord soupçonné qu'elle étoit la même que celle que Buffon a décrite parmi ses Touis , sous le nom de *Sosové* , et qu'il a figurée dans ses planches

Femelle de la Perruche à tache souci. Pl. 59.

Barraband pinx.   De l'Imp.

enluminées, n.° 456, fig. 2, sous celui de *petite Perruche de Cayenne* : mais, après un mûr examen, et en comparant la description de Buffon avec l'oiseau dont il s'agit ici, je vois que l'une ne se rapporte pas à l'autre ; car l'oiseau décrit par Buffon n'a sur les ailes qu'une tache d'un *jaune léger*, ce qui est fort différent d'une tache jaune-souci très-foncé, que porte celui-ci. D'ailleurs, le Sosové de Buffon a aussi du jaune sur les couvertures supérieures de la queue, et ma Perruche n'y en a absolument point: cependant les deux oiseaux ont le bec de même couleur. Mais une autre difficulté, c'est que la description de Buffon ne se rapporte même pas à la figure à laquelle il renvoie, que je 'viens de citer, et où je trouve une Perruche qui diffère non seulement de la mienne par toutes ses formes et tous ses caractères, mais qui ne ressemble même en rien au *Sosové* ; car, dans cette figure, le bec est d'un rouge de vermillon, et les pieds y sont d'un rouge pâle, tandis que, par la description, le bec est blanc et les pieds sont gris. Dans cette figure, en outre, la queue est coupée carrément ; ses couvertures de dessous sont jaunes, et les yeux entourés d'une large peau nue, blanche ; la gorge et les joues, enfin, y sont couvertes de longues plumes, comme chez les Cacatoès : or, dans sa description, Buffon ne dit pas un mot de tous ces caractères. Ma Perruche, ayant la queue pointue, les plumes de la gorge et celles de la face très-petites, et n'ayant de partie nue que la paupière, n'est donc pas le Sosové de Buffon: la figure à laquelle renvoie ce naturaliste, n'est donc pas celle de son Sosové. J'avouerai, d'ailleurs, que je ne connois aucune Perruche, soit de Cayenne ou de tout autre pays, qui ressemble à la description ou à la figure de ce Sosové, quoique Buffon en dise l'espèce très-commune à la Guiane, vers l'Oyapoc et l'Amazone. Espérons qu'elle nous parviendra un jour, et, en attendant, ne chargeons pas la liste des Perruches avérées, de noms dont les sujets pourroient bien n'avoir jamais existé. Buffon l'aura décrite, cette espèce, d'après quelque figure, et non d'après un individu. Cette supercherie lui est familière, ainsi que pourroient s'en convaincre tous ceux qui porteroient sur ses descriptions et ses figures l'attention que j'y ai portée moi-même. Il est probable que le bec étoit blanc sur la figure qu'il avoit sous les yeux en décrivant son Sosové : sur celle que j'ai consultée dans ses ouvrages, il est rouge: dans tel autre exemplaire il est peut-être jaune. Comment ne pas s'égarer en voulant se frayer un passage à travers toutes ces discordances? Ne vaudroit-il pas mieux s'ouvrir une route nouvelle et sûre?

Revenons à notre Perruche à tache souci, à laquelle cependant on rendroit le nom de *Sosové*, dans le cas que ce fût à elle que les naturels de la Guiane l'eussent donné par hasard.

Le caractère le plus saillant de la Perruche dont il est question dans cet article, est une grande tache d'un beau souci vif, qui occupe tout le milieu du bord extérieur de l'aile ; car ce sont précisément ces grandes couvertures, ayant la, forme de petites pennes, qui, dans tous les oiseaux, couvrent le pied des grandes plumes des ailes, et que plusieurs naturalistes ont nommées, je crois, aile bâtarde, qui sont de cette couleur. Elles sont ici au nombre de sept , et toutes du même jaune-souci: cette même couleur , un peu moins prononcée cependant , tache encore quelques-unes des autres couvertures du bord de l'aile , en remontant vers le poignet. On en aperçoit , enfin , une teinte , mais presque insensible , directement sous la gorge. Le plumage de la partie supérieure du corps est-d'un gros vert sombre , qui , dans lès reflets , prend , sur le corps , des teintes très-brillantes , et sur le sommet de la tête , une nuance de vert aigue-marine lustré. Le dessous du corps est d'un vert plus clair que le dessus. On remarque du bleu foncé sur les plumes du milieu de la queue , ainsi que dans les parties intérieures du milieu des pennes alaires , directement au-dessous de la tache souci , seul endroit où il reste visible quand les ailes sont ployées. Le revers des pennes des ailes , et les plus grandes couvertures de celles-ci , y sont d'un vert d'eau brillant , et leurs petites et moyennes , d'un vert jaunâtre , ainsi que le dessous des pennes de la queue. Le bec et les ongles sont d'un blanc jaune , couleur de corne , et les pieds , gris.

La femelle est absolument semblable au mâle dans toutes ses couleurs , si ce n'est cependant que la partie des ailes que la tache souci occupe chez ce dernier , est , chez elle , d'un vert bleuâtre. Nous avons figuré cette femelle , n.° LIX de nos planches.

LA PERRUCHE AUX AILES CHAMARRÉES.

PLANCHE LX.

Forte taille ; queue à peu près de la longueur du corps ; ailes atteignant le milieu de la queue ; large bandeau bleu sur le sommet de la tête ; couvertures et dernières pennes des ailes bleues , bordées d'un jaune d'or ; tout le plumage vert , plus foncé sur le corps qu'en dessous ; bec rouge ; pieds bruns.

La Perruche aux Ailes chamarées. Pl. 60.

Barraband pinx.¹   De l'Imprimerie de Langlois.

La Perruche aux ailes chamarrées ; Buff. Pl. enl. n.° 287 , sous
le nom de Perroquet de Luçon.

CETTE Perruche se distingue des autres espèces de sa tribu par un bec
très-fort et par 'un corps massif , ce qui la rapproche beaucoup des Perroquets
proprement dits : mais comme elle a la queue étagée en fer de lance , ainsi
que l'ont beaucoup de Perruches , nous n'avons pas hésité à la placer dans
cette division , en lui conservant le nom que Buffon lui donne dans la
description qu'il en a faite d'après un individu que je présume être une
femelle de l'espèce.

Le mâle de la Perruche aux ailes chamarrées a douze à treize pouces de
longueur totale , dont la queue en emporte cinq. Son bec est fort épais et
d'une force remarquable. Son corps est de la grosseur à peu près de celui du
Perroquet gris , nommé vulgairement *Jaco*. L'épaisseur de son corps et sa
queue , moins longue que ne l'est ordinairement celle des Perruches , font
même assez communément donner à celle-ci le nom de Perroquet : aussi
l'éditeur des planches enluminées , dites de Buffon , lui a-t-il donné , dans la
mauvaise figure qui la représente , celui de Perroquet de Luçon , nom
impropre de toute manière , puis-que cette espèce se trouve dans une grande
partie des Indes , et notamment dans toutes les Moluques. La dénomination de
Perruche aux ailes chamarrées , que nous lui conservons , lui convient
beaucoup mieux , quoique le mot de chamarre' exprime assez mal le dessin
régulier des couleurs bigarrées de ses ailes , dont les couvertures du poignet et
les dernières pennes , les plus proches du corps , sont d'un bleu de ciel , et
bordées d'un jaune d'or , tandis que l'aile bâtarde ou les couvertures des
premières pennes alaires sont vertes , bordées de jaune. Les ailes sont brunes ,
lisérées de jaune. Une large bande d'un bleu semblable à celui des ailes
traverse le sommet de la tête. Tout le plumage du dessus du corps , et le
dessus de la queue , sont d'un vert de pré uniforme. Le dessous du corps est
d'un vert jaunâtre , et le revers de la queue , d'un vert plus jaune encore , ou
vert olive. Le bec est d'un rouge foncé , et les pieds sont bruns. Nous ne
connoissons pas la couleur des yeux , n'ayant jamais vu l'espèce vivante ; en
revanche , nous avons vu plusieurs de ses individus dans différens cabinets ,
un entr'autres dans celui de Mauduit à Paris , un second chez l'abbé Aubry ,
aussi à Paris , et plusieurs en Hollande. J'en possédois un dans mes
collections ; celui-ci aujourd'hui fait partie du Muséum d'histoire naturelle ,
au Jardin des plantes. Je le crois femelle , parce qu'il est plus petit de taille
que celui que j'ai décrit plus haut , qu'il n'a pas autant de bleu sur les ailes , et
qu'il est généralement d'un vert plus terne que ce dernier. Buffon dit que le
plumage général de la Perruche aux ailes chamarrées est d'un brun olivâtre ,
parce que telle est , en effet , la couleur de la mauvaise figure qu'il a fait
servir à sa description.

LA PERRUCHE A ÉPAULETTE JAUNES.

PLANCHE LXI.

Grande taille ; queue plus longue que le corps ; couvertures du milieu des ailes jaune citron ; tête , queue et premières pennes alaires bleu de turquoise ; tout le reste d'un beau vert ; bec rouge ; pieds brun-noir.

Cette charmante Perruche , que nous avons fait représenter de grandeur naturelle dans nos planches coloriées , se distingue de toutes les autres par ses

La Perruche à Épaulette jaune. Pl. 61.

épaulettes d'un beau jaune citron: cette marque la caractérise même si bien extérieurement , que nous 'en avons tiré le surnom que nous lui donnons. Ces épaulettes jaunes sont formées de plusieurs rangs des couvertures des ailes qui avoisinent les scapulaires. La Perruche à épaulettes jaunes a , d'ailleurs , toute la tête , le derrière et le devant du cou , d'un beau bleu de turquoise: la queue est aussi toute de cette dernière couleur , mais qui pâlit un peu vers le bord de chacune des pennes. Les trois premières grandes pennes alaires sont du même bleu , mais d'un brun-noir à leurs pointes : toutes les autres sont d'un beau vert , et ont aussi leurs pointes d'un brun-noir. Le dos , les scapulaires , le croupion , les couvertures du dessus de la queue , et toutes celles des ailes , autres que les jaunes , sont d'un beau vert. La poitrine , les flancs , le ventre , les couvertures du dessous de la queue , les plumes des jambes , enfin , tout le plumage du dessous du corps de l'oiseau , sont d'un vert plus jaunâtre que celui du dessus. Le bec est tout entier d'un rouge de sang. Les pieds et les ongles sont d'un brun-noir ; les yeux , et la peau nue qui les entoure , couleur de rose.

J'ai vu cette rare espèce , vivante , dans la ménagerie de M. Ameshof d'Amsterdam , qui voulut bien me permettre de la décrire et de la dessiner. Comme je ne la reconnois dans aucune des descriptions qu'on a publiées jusqu'à ce moment , je m'abstiendrai de citer aucun auteur à son sujet. Cet oiseau est d'un caractère fort doux et caressant. M. Ameshof m'a assuré qu'il venoit de Ternate : il est probable qu'il se trouve aussi ailleurs.

LA PERRUCHE LATHAM.

PLANCHE LXII.

Petite taille ; queue très-étagée et à peu près de la longueur du corps ; plumes qui bordent la base du bec , et poignet des ailes , rouges ; couvertures du devant des ailes bleues ; tout le plumage d'un beau vert jaunâtre lustré ; bec et pieds jaune-brun.

Je donne à cette jolie petite Perruche le nom d'un savant auquel nous devons un grand nombre de descriptions d'oiseaux nouveaux des pays

La Perruche Latham. Pl. 62.

Barraband pinx.   *De l'Imprimerie de Langlois.*

qu'habite celui qui fait le sujet de cet article. Puisse cet hommage , dicté par la reconnoissance pour la part que je prends à toutes ses publications ornithologiques , prouver à M. Latham mon estime particulière!

La Perruche Latham est très-bien caractérisée par un cordon de plumes rouges , qui lui encadre absolument la face , en même temps qu'il lui borde la base du bec , en s'étendant ensuite sur la gorge. Les petites couvertures du poignet des ailes , qui sont aussi rouges , portent toutes une bordure' bleue , qui , les détachant les unes des autres , les dessine en écailles de poissons. On remarque encore du rouge sur les couvertures latérales du dessus de la queue et sur les barbes intérieures de ses pennes. L'aile bâtarde et les couvertures du devant des ailes sont d'un bleu foncé brillant : seulement on trouve sur les petites couvertures du rebord supérieur de celles-ci , quand elles sont ployées , un trait blanc , qui les détache merveilleusement du corps. Les couvertures qui se trouvent immédiatement placées au-dessus des bleues , sont d'un riche vert lustré , qui jaunit aux rayons directs de la lumière. Les grandes pennes alaires sont vertes , et finement lisérées de jaune. Tout le plumage , en général , du dessus et du dessous du corps , ainsi que sur la queue , est d'un beau vert jaunâtre , très-luisant , mais qui , sur la tête , prend une belle teinte bleuâtre. Le revers des ailes et celui de la queue sont d'un brun olivâtre. Les couvertures du dessous des ailes sont d'un vert pâle jaunissant. Le bec et les pieds sont jaune-brun.

Cette espèce fait partie du Muséum d'histoire naturelle de Paris , où je l'ai fait peindre de grandeur naturelle : elle y a été envoyée , e crois , par M. Banks , à qui nous devons déjà plusieurs objets précieux , qui , en embellissant notre Muséum national , alimentent en même temps le zèle des naturalistes. Puisse l'illustre voyageur anglois avoir beaucoup d'imitateurs !

LA PERRUCHE A FACE ROUGE.

PLANCHE LXIII.

Petite taille ; corps svelte ; queue très-pointue , étagée et plus courte que le corps ; bandeau rouge sur le front , s'étendant sur les joues et la gorge ; collier roussâtre sur le bas du derrière du cou ; plumage vert , plus foncé sur les ailes et le manteau que partout ailleurs ; bec et pieds bruns.

Il s'agit encore ici d'une petite Perruche de la mer du Sud , que nous surnommons *à face rouge* , parce qu'en effet elle a le front , les joues et la

La Perruche à face rouge. Pl. 63.

Barraband pinx.ᵗ   De l'Imprimerie de Langlois.

gorge de cette couleur. Elle a de plus , au bas du derrière du cou , une espèce de demi-collier roux-jaunâtre , large de deux à trois lignes , et qui , s'arrêtant de chaque côté aux bords des plus petites plumes des scapulaires , ne se montre par conséquent point sur le devant. Les scapulaires , le haut des ailes , c'est-à-dire , tout le manteau , sont , ainsi que toutes les couvertures du dessus des ailes , d'un vert foncé. Les grandes pennes des ailes , qui sont du même vert , mêlé d'une teinte bleue , se terminent extérieurement en noir-brun. Le dessus de la tête , le cou , la poitrine , les flancs , le ventre , les couvertures du dessus et du dessous de la queue , et le croupion , sont d'un joli vert transparent , très-luisant , et variant en jaunâtre , suivant les incidences de la lumière. La queue , très-pointue , a toutes ses pennes étagées , et est d'un vert-jaune éclatant. Le bec et les pieds sont bruns. Les ailes , ployées , se portent jusqu'aux trois quarts de la longueur de la queue.

Cette espèce fait partie du cabinet d'histoire naturelle de Paris , où elle a été peinte de grandeur naturelle. M. Temminck , d'Amsterdam , en possède un individu , que j'ai vu dans sa superbe collection. Nous regrettons beaucoup de ne pas connoître ses habitudes , et malheureusement nous serons souvent dans le même cas , à 'égard des oiseaux du pays qu'elle habite , car les voyageurs se sont contentés jusqu'ici de nous en faire connoître les dépouilles.

LA PERRUCHE PHIGY.

PLANCHE LXIV.

Petite taille ; corps épais ; queue beaucoup plus petite que le corps , quoiqu'entièrement étagée ; dessus de la tête , bas-ventre et plumes des jambes , bleu-de-roi ; dessus des ailes et de la queue vert ; dessous du corps entièrement rouge ; bec brun jaunâtre.

CETTE belle Perruche , fort rare encore dans nos cabinets , habite , ainsi

La Perruche Phigy . Pl. 64.

Barraband pinx.　　　De l'Imprimerie de Langlois.

que les deux précédentes , les îles de la mer du Sud: elle est remarquable par sa taille épaisse et sa queue fort courte , quoi-qu'entièrement étagée , ce qui nous la fait ranger parmi les Perruches à queue en fer de lance : elle a cependant bien absolument la forme d'un très-petit Perroquet , ou des Perruches que nous décrirons sous le nom de Perriches ; mais ces dernières n'ont pas la queue aussi étagée qu'elle , comme nous le verrons lorsque nous établirons les caractères propres à leur tribu , caractères qui les rapprocheroient encore plus des Perroquets proprement dits que l'oiseau dont il est question dans cet article.

Au premier aspect , la Perruche Phigy ressemble beaucoup au Lori à collier , dont on peut Voir la description et la figure dans les numéros suivans , si l'on veut apprécier par soi-même les ressemblances et les différences qu'il y a entre elle et ce dernier. Cette Perruche a tout le dessus de la tête , depuis le front jusqu'à la nuque , d'un beau bleu foncé , légèrement violacé. Les plumes des jambes et du bas-ventre sont aussi bleu foncé , et les joues , la gorge , les côtés du cou , d'un beau rouge , ainsi que la poitrine et tout le dessous du corps , jusqu'au bas-ventre. Les couvertures du dessus et du dessous de la queue sont vertes , ainsi que le dessus de la queue même , les ailes , dans toute leur étendue , le croupion et tout le bas du dos. La partie postérieure du cou est d'un rouges légèrement violacé , qui , se terminant en bas par le vert de la partie supérieure du dos , forme à l'oiseau une espèce de collier. Ses scapulaires , étant en grande partie rouges , forment aussi une bande de cette couleur , qui traverse diagonalement la partie élevée des ailes. Le bec est d'un jaune brun ; les ongles sont noirs , et les pieds , d'un jaune blafard. Le revers de la queue est jaunâtre.

L'espèce de la Perruche Phigy se trouve dans les collections du Muséum d'histoire naturelle , au Jardin des plantes , sous le nom de Perroquet Phigy , nom que nous lui avons conservé , tout en la rétablissant parmi les Perruches à queue en fer de lance. J'ai vu aussi un individu de cette espèce chez Labillardière , qui l'avoit acquis dans son voyage à la recherche de l'infortuné Lapeyrouse , et que nous avons fait représenter de grandeur naturelle sur nos planches.

LA PERRUCHE ARIMANON.

PLANCHE LXV.

Taille petite et svelte ; queue plus courte que le corps , étagée et terminée en pointe ; gorge , bas des joues , devant du cou et poitrine , blancs ; tout le reste du

La Perruche Arimanon. Pl. 65.

plumage d'un bleu foncé ; bec et pieds rougeâtres.

> *L'Arimanon* ; Buff. pl. enlum. n.° 455 , fig. 2 , sous le nom de
> petite Perruche de l'île d'Otaïti.

ON distingue cette jolie Perruche à la petitesse et à la légèreté de sa taille ; ce qu'elle a encore de particulier , c'est que sa langue est terminée par un faisceau de petites fibres cartilagineuses , que Buffon nomme poils , et qui lui servent à tirer le suc des fruits dont elle fait sa nourriture. Le même auteur qui nous a donné de cette espèce une description et une figure exactes , nous apprend , d'après Commerson , qu'elle se tient habituellement sur les cocotiers dans l'île d'Otaïti , où elle est très-commune ; qu'elle vole par troupes ; qu'elle est très-piaillarde ; qu'elle mange des bananes , et , enfin , qu'elle est difficile à élever dans l'état de domesticité. Le nom que les naturels d'Otaïti donnent à l'Arimanon , signifie , aussi d'après Commerson , oiseau de coco.

L'Arimanon a le dessus de la tête , le derrière du cou , le manteau , les ailes , la queue et tout le dessous du corps , depuis la poitrine , y compris les couvertures du revers de la queue , d'un beau bleu foncé. La gorge , la partie des joues au-dessous des yeux , le devant du cou et le haut de la poitrine , sont blancs. Le bec et les pieds sont rougeâtres.

Cette Perruche fait partie du Muséum d'histoire naturelle à Paris: on y a vu même deux de ses individus , dont un m'a été donné en échange pour d'autres oiseaux qui y manquoient. J'en ai vu aussi un troisième chez l'abbé Aubry , un quatrième chez Mauduit , et , enfin , MM. Temminck et Raye de Breukelervaert en possèdent chacun un dans leurs belles collections à Amsterdam. Je n'ai remarqué aucune différence entre tous ces-oiseaux , ce qui me fait penser qu'il n'y en a aucune entre les mâles et les femelles ; car il est probable que , dans les six individus de l'espèce que j'ai vus et bien examinés , il s'y en trouvoit de l'un et de l'autre sexe. Celui que j'ai fait peindre sur mes planches , est de grandeur naturelle.

LA PERRUCHE SPARRMAN.

PLANCHE LXVI.

Petite taille ; queue plus courte que le corps ; tout le plumage , en général , d'un bleu foncé ; bec et pieds rouges.

Perruche bleue d'Otaïti ; Sparrman.

La Perruche Sparman. Pl. 66.

IL est sans doute difficile de ne pas considérer la Perruche de cet article comme appartenant à l'espèce précédente , puisqu'elle n'en diffère que par un peu plus de grandeur et pour n'avoir du blanc sur aucune de ses parties. Cependant , comme le docteur Sparrman , naturaliste suédois , connu par son intéressant Voyage à la côte-est d'Afrique , et l'un des compagnons de l'intrépide Cook dans la première expédition de ce dernier autour du monde , a décrit et figuré cette espèce en la distinguant de l'autre , et qu'il étoit à .même de prononcer à cet égard , puisqu'il a visité l'île d'Otaïti , où elles se trouvent toutes deux , nous avons cru devoir aussi l'en séparer ; et , le nom de Perruche bleue d'Otaïti pouvant la faire confondre avec cette même Perruche de l'article précédent , qu'on nomme assez ordinairement ainsi , nous nous sommes déterminés à lui faire porter le nom du naturaliste estimable qui ,l'a décrite le premier. La' reconnoissance me faisoit un devoir de rendre cet hommage à un voyageur qui m'a , pour ainsi dire , frayé la route que j'ai tenue dans mon premier voyage jusque dans la Caffrerie.

La Perruche Sparrman est un peu plus forte de taille que celle nommée l'Arimanon. Elle a aussi la queue plus largement barbée et plus fournie que cette dernière ; mais elle s'en distingue encore davantage en ce qu'elle est entièrement d'un gros bleu , n'ayant rien de blanc sur le devant du cou. Cette espèce a , comme la précédente , le bec et les pieds rouges , et la langue terminée en pinceau.

J'ai vu la Perruche *Sparrman* chez M. Carbintus , à la Haye.

LA PERRUCHE A JOUES GRISES.

Taille moyenne ; queue tant soit peu plus courte que le corps , et très-pointue ; petites plumes du bord du front grises , ainsi que celles de la gorge et de la partie comprise entre les yeux et le bec ; grandes couvertures du haut des grandes pennes alaires bleues ; tout le plumage du dessus du corps vert de pré ; celui du dessous vert jaunâtre , glacé de gris sur la poitrine ; bec et pieds gris-blanc.

PLANCHE LXVII.

La Perruche à joue grise. Pl. 67.

NE reconnoissant cette espèce dans aucune des descriptions et des figures qu'on a publiées sur les Perruches , nous la caractérisons ici par l'attribut qui lui est le plus propre , par la couleur grise de ses joues : elle n'est , d'ailleurs , remarquable que par une tache bleue qu'elle a sur le milieu du bord des ailes. Cette tache n'est formée que par les grandes couvertures qui cachent les racines des grandes pennes alaires. Tout le reste du plumage du dessus du corps , le dessus des ailes et celui de la queue , sont d'un vert de pré. Le bord du front est marqué par une ligne de plumes grises , qui se porte jusqu'aux yeux , de chaque côté , et qui couvre ensuite toute la partie comprise entre ceux-ci et les coins du bec. Les plumes du dessous du bec sont aussi grises , et le devant du cou est , ainsi que la poitrine , d'un vert clair , glacé de gris. Tout le reste du dessous du corps , et même les couvertures du dessous des ailes , sont d'un 'vert pâle , jaunâtre. Le bec , assez fort , relativement à la taille de l'oiseau , que nous avons fait représenter de grandeur naturelle sur nos planches , est d'un blanc grisâtre. Les pieds sont de la même couleur.

Cette Perruche se trouve à Cayenne : elle est encore assez rare dans nos cabinets d'Europe , sans doute parce qu'elle n'a rien d'agréable dans son plumage. J'en possède un individu ; j'en ai vu un autre chez M. Dorcy , à Paris.

LA PERRUCHE EDWARDS.

Taille moyenne et dégagée ; queue de la longueur du corps ; front , devant de la joue et les ailes , d''un bleu tendre ; dessus du corps et de la queue vert olivâtre ; dessous du corps de la même couleur , mais tirant au jaune ; tache orange sur le ventre ; bec petit et blanchâtre ; pieds bruns.

PLANCHE LXVIII.

COMME je ne reconnois pas plus cette Perruche que la précédente dans les

La Perruche Edwards. Pl. 68.

Barraband pinx.   De l'Imprimerie de Langlois.

descriptions de nos nomenclateurs , je la nomme Perruche Edwards , du nom du célèbre naturaliste Anglois qui , le premier , nous a donné sur les oiseaux des descriptions exactes et des figures reconnaissables. Ce mérite inappréciable en histoire naturelle , mérite , sans contredit , l'hommage que je me plais à rendre , en cette occasion , à la mémoire d'un auteur dont les ouvrages seront toujours consultés avec fruit. Edwards a eu le bon esprit de ne décrire que les objets qu'il avoit sous les yeux , exemple qu'on a trop peu imité.

La Perruche Edwards , que nous avons représentée dans toutes ses dimensions naturelles , a 'la taille dégagée , svelte. Sa queue , qui est de la longueur du corps , et fort pointue , lui donne un air élancé , qu'en général on ne retrouve pas dans les Perruches à courte queue. Elle est très-bien caractérisée par le bleu tendre du dessus de sa tête et du devant de ses joues , c'est-à-dire , de la partie qui se trouve entre les yeux et le bec. Ce même bleu règne aussi sur toutes les couvertures des ailes , ainsi que sur. leurs grandes pennes. Le derrière de la tête et du cou , le manteau , le dos , le croupion , les couvertures supérieures et le dessous de la queue , sont d'un vert-brun olivacé ; la gorge , le devant du cou , la poitrine et les flancs , d'un jaune olivâtre. Le ventre est marqué d'une tache orange , qui , s'éclaircissant sur la partie abdominale et les couvertures du dessous de la queue , prend un ton plus jaunâtre au revers des pennes de celle-ci. Le bec est blanchâtre. La pointe en est marquée de brun , ainsi que la base de la mandibule inférieure. Les pieds sont brunâtres.

Cette espèce se trouve dans les îles de la mer du Sud ; c'est , du moins , ce que m'a assuré M. Temminck , qui en possède un bel individu , sur lequel j'ai fait faire le dessin , qui la représente de grandeur naturelle.

LA PERRUCHE JAVANE.

PLANCHE LXIX.

Taille ramassée ; queue beaucoup plus courte que le corps ; grandes couvertures des ailes , ainsi que leurs trois dernières pennes , jaunes , et bordées de bleu à leurs pointes ; poitrine et dessous du corps vert de pomme ; manteau et grandes pennes alaires noir-brun ; queue violet tendre , avec une bande noire à l'extrémité ; bec rosé ;

La Perruche Javane. Pl. 69.

Barraband pinx.ᵗ   De l'Imprimerie de Langlois

pieds brun foncé.

> *La Perruche aux ailes variées* ; Buff. pl. enl. n.° 791 , fig. 1 , sous
> la dénomination de Perruche de Batavia.

Nous changeons la dénomination de Perruche aux ailes variées , que Buffon a donnée à cette espèce , parce qu'elle avoit été déjà donnée à une autre Perruche. Nous changeons aussi le nom de Perruche de Batavia , sous lequel cette même espèce est figurée dans les planches enluminées du même auteur , parce que Batavia est vraisemblablement le seul endroit de l'île de Java où cette Perruche ne vienne jamais ; car les Perroquets fuient ordinairement les villes. Le nom de Perruche Javane lui convient donc mieux que ces deux autres , puisqu'elle est , en effet , très-commune dans l'île de Java.

Cet oiseau est ramassé dans sa taille , et sa queue , très-courte , lui prête aussi un air lourd et massif. En le plaçant parmi les Perruches à queue en fer de lance , nous convenons que , de toute cette tribu , elle est celle qui se rapproche le plus de ces autres Perruches que nous nommons Perriches ; car , quoique toutes les plumes de sa queue soient étagées , elles le sont si peu que , déployées , elles forment un demi-cercle : toujours est-il vrai qu'elle a la queue bien plus étagée que les Perriches , puisque , chez celles-ci , les trois dernières pennes latérales de chaque côté de cette partie sont les seules qui le soient , toutes les autres étant égales entr'elles. La Perruche Javane est donc , par sa nature , très-propre à former la nuance entre les Perruches à queue en fer de lance et les Perriches. Nous remarquerons que , dans la mauvaise figure que Buffon en a donnée , la queue se trouve composée de plumes encore moins étagées que dans la nôtre , et que les ailes s'y étendent jusqu'au bout de la queue , presque carrément coupée , ce qui formeroit une défectuosité , quand , d'ailleurs , les couleurs de cette figure ne seraient pas des plus inexactes , ainsi que les pieds et le bec , qui sont d'une grandeur démesurée.

La Perruche Javane a le dessus de la tête , les joues et le devant du cou , d'un vert jaunâtre. Les plumes du derrière du cou sont d'un vert brun , et forment des écailles détachées les unes des autres par leur bordure d'un vert plus prononcé. Le manteau , le dos et le croupion , les moyennes et petites couvertures des ailes , les ailes bâtardes , et les grandes pennes alaires , sont d'un noir-brun velouté. Les plus grandes couvertures des ailes sont jaunes , ainsi que les trois dernières pennes des ailes ; mais ces couvertures et ces trois pennes se terminent toutes en bleu , ce qui produit un effet admirable sur le milieu des ailes. Les premières grandes pennes alaires ont un petit liséré vert sur leurs bords extérieurs. Le bas du devant du cou , la poitrine , les flancs , le ventre , les plumes des jambes , toute la partie abdominale , et les couvertures du dessous de la queue , sont d'un vert nommé vulgairement vert de pomme. Les plumes de la queue sont d'un joli violet tendre ou lilas , et portent toutes , transversalement , une zone noire vers leur pointe : ces zones se forment en arc , lorsque la queue est déployée. Le bec est couleur de rose , et les pieds sont brun foncé. Sonnerat , qui a vu cette Perruche à l'île Luçon , dit , dans la description qu'il en donne dans son Voyage à la Nouvelle Guinée , page 78 , qu'elle a l'œil et le bec d'un jaune rougeâtre , et les pieds gris. Quant à nous , nous donnons au bec et aux pieds de la Perruche Javane les couleurs que nous y avons vues sur huit de ses individus , dans différens cabinets ; à Amsterdam , chez MM. Raye de Breukelervaert , Temminck , Boers et Holt-Huysen ; à Paris , chez Mauduit , l'abbé Aubry , Mme de Bandeville , et au Jardin des plantes. L'individu qui se trouve au Jardin des plantes , est aujourd'hui entièrement dégradé , et celui que nous avons fait peindre , fait partie des belles collections de M. Raye de de Breukelervaert d'Amsterdam.

LA PERRUCHE TUI.

PLANCHE LXX.

Très-petite ; taille svelte ; queue plus courte que le corps ; dessus de la tête jaune ; cou et tête vert nuancé de bleu ; dessus du corps , ailes et queue , vert de pré ; dessous du corps vert jaunâtre ; bec et pieds jaune brunâtre.

Variété de Toui à tête d'or , du Brésil ; Buff. pl. enl. n.° 456 ,

La Perruche Tui. Pl. 70.

fig. 1 , sous la dénomination de Perruche de l' île Saint-Thomas.

Sans chercher à 'voir dans cette Perruche , ainsi que Buffon l'a fait , une variété du Toui à tête d'or , nous en donnerons une bonne figure et une description exacte.

La Perruche Tui est d'une taille très-petite , mais dégagée , quoi-qu'elle ait la queue plus courte de moitié que le corps. Elle est facile à reconnoître à une petite calotte jaune , qui lui couvre le dessus de la tête entre les narines et le haut des yeux. La tête , la gorge et le cou , sont d'un vert foiblement nuancé de bleu. Le manteau , les ailes , le croupion et le dessus de la queue , sont d'un vert de pré , tandis que la poitrine , les flancs , le ventre , les plumes des jambes , la partie abdominale , les couvertures du dessous et le revers de la queue , sont d'un , vert jaune.

Cette espèce se trouve très-communément à Cayenne ; du moins tous les individus que j'en ai vus en venoient , et se trouvoient dans les mêmes envois que beaucoup d'autres de ce pays. A la vérité , l'abbé Aubry en possédoit un qu'il me dit avoir reçu de l'île Saint-Thomas , individu que j'ai acquis à la vente qui fut faite du cabinet de cet amateur , et qui , maintenant , se trouve déposé au Muséum d'histoire naturelle du Jardin des plantes. J'avoue aussi qu'après avoir comparé cet individu avec tous ceux qui provenoient de Cayenne , je n'ai pas remarqué qu'il y eût entre eux aucune différence.

LA PERRUCHE FRINGILLAIRE.

Petite taille ramassée ; queue beaucoup plus courte que le corps ; front vert ; sommet de la tête bleu ; joues , gorge , devant du cou et ventre rouges ; bas-ventre et cuisses en dedans bleus ; plumage du dessus du corps vert foncé ; celui du dessous idem , moins foncé ; bec rougeâtre ; pieds blafards.

PLANCHE LXXI.

CETTE Perruche , distinguée par la richesse et la régularité de ses couleurs , est extrêmement rare dans nos cabinets ; mais , comme elle est fort

La Perruche fringillaire. Pl. 71.

Barraband pinx.t   De l'Imprimerie de Langlois.

belle , il faut espérer que les voyageurs s'empresseront de nous l'apporter des îles de la mer du Sud , qu'elle habite. Elle est d'une forme épaisse , et sa queue , entièrement étagée , la place naturellement parmi les Perruches à queue en fer de lance , quoique ses pennes ne se terminent pas autant en pointe que celles de cette partie , chez beaucoup d'entre ces dernières.

La Perruche fringillaire a le front ceint d'un bandeau vert , fort étroit , après lequel un riche bleu violacé se répand sur tout le dessus de la tête jusqu'à la nuque , où il nuance le vert du derrière du cou. Le manteau , le dos , le croupion , les couvertures supérieures de la queue , le dessus de celle-ci , toutes les couvertures et les pennes des ailes , sont d'un vert foncé brillant. Les joues , jusqu'au-dessus des yeux , la gorge et tout le devant du cou , sont rouges , mais d'un rouge velouté , qui prend des teintes violettes ou pourpre , suivant les incidences de la lumière: tel est aussi le ventre , immédiatement au: dessous du sternum. Le bas-ventre et les cuisses en dedans sont , ainsi que les plumes voisines du , talon , d'un. beau bleu violet. Les couvertures du dessous de la queue sont vertes , nuancées de bleu violâtre dans leur partie haute. Les côtés du cou , la poitrine , sur laquelle le rouge du cou se termine circulairement , sont , ainsi que les flancs , d'un vert légèrement nuancé de jaunâtre. Le revers de la queue est olivacé ; le bec , d'un rouge pâle. Les ongles sont. bruns , et les pieds , jaunâtres. J'observerai , en passant , que le bec et les pieds de cette Perruche pourroient bien être rouges dans l'animal vivant ; car ces parties nous ont présenté l'apparence d'un rouge effacé. Cependant , pour être exacts , nous n'avons pas cru devoir les représenter autrement qu'elles ne le sont dans le seul individu que nous ayons vu de l'espèce , individu qui est déposé au Muséum de Paris sous le nom de Perruche fringillaire , que nous lui avons conservé , et où M. Barraband l'a peint de grandeur naturelle ; mais nous savons aussi , et je l'ai déjà observé plusieurs fois , qu'il n'est pas de bec ni de pieds d'oiseaux rouges qui ne jaunissent dans les cabinets. Si donc nous avons commis quel-qu'erreur à cet égard , ce n'a été que pour ne rien donner aux conjectures.

Nous croyons devoir terminer ici l'histoire des Perruches à queue en fer de lance. Il se peut que , dans le grand nombre des Perruches publiées par les naturalistes , il y en ait qui appartiennent à cette division ; mais , comme nous n'avons vu nulle part des individus de ces espèces , et que nous nous sommes fait une loi de ne décrire que celles dont nous pouvons donner une figure exacte , nous ne risquerons pas de commettre des erreurs qu'on reproche trop souvent aux naturalistes , pour avoir désigné le même oiseau sous plusieurs noms différens. Il est très-difficile des se faire l'idée d'un oiseau qu'on ne connoît que par une simple description ; il faut l'avoir sous les yeux pour bien le reconnoître et pour ne pas confondre les genres. Si les naturalistes se pénétroient bien de ces vérités , la science y gagneroit beaucoup.

Fin du Tome premier.

Table

Fin de la table de premier volume.

www.ingramcontent.com/pod-product-compliance
Lightning Source LLC
Chambersburg PA
CBHW041307020426
42333CB00001B/5